今すぐ使えるかんたんmini

Imasugu Tsukaeru Kantan mini Series

アメブロ 基本&便利技

改訂2版

技術評論社

本書の使い方

セクションという単位ごとに機能を順番に解説しています。

セクション名は、具体的な作業を示しています。

セクションの解説内容のまとめを表しています。

番号付きの記述で操作の順番が一目瞭然です。

操作の基本的な流れ以外は番号のない記述になっています。

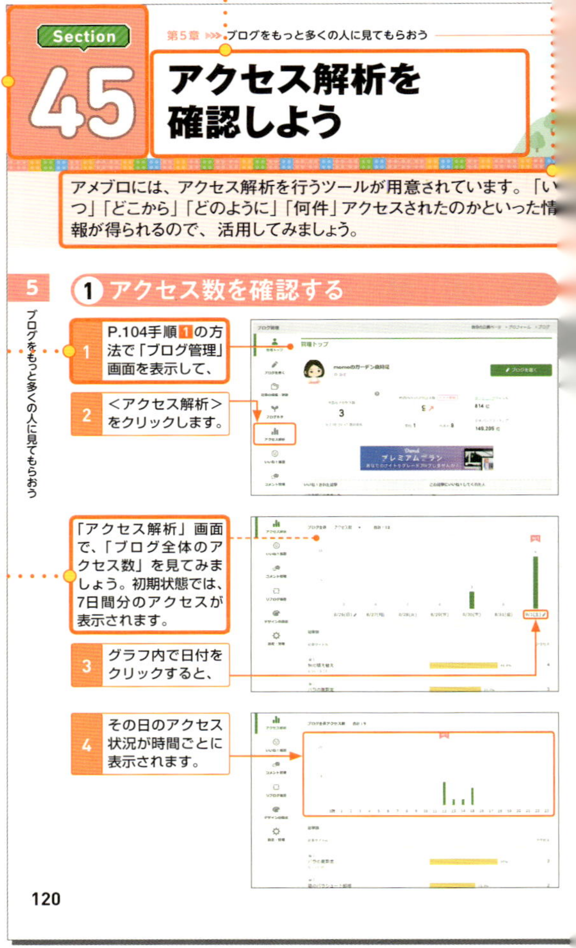

Section 45

第5章 »» ブログをもっと多くの人に見てもらおう

アクセス解析を確認しよう

アメブロには、アクセス解析を行うツールが用意されています。「いつ」「どこから」「どのように」「何件」アクセスされたのかといった情報が得られるので、活用してみましょう。

5 ブログをもっと多くの人に見てもらおう

1 アクセス数を確認する

1 P.104手順 1 の方法で「ブログ管理」画面を表示して、

2 <アクセス解析>をクリックします。

「アクセス解析」画面で、「ブログ全体のアクセス数」を見てみましょう。初期状態では、7日間分のアクセスが表示されます。

3 グラフ内で日付をクリックすると、

4 その日のアクセス状況が時間ごとに表示されます。

120

- 本書の各セクションでは、画面を使った操作の手順を追うだけで、アメブロの使い方がかんたんにわかるように説明しています。
- 操作の流れに番号を付けて示すことで、操作手順を追いやすくしてあります。

大きな画面で該当箇所がよくわかるようになっています。

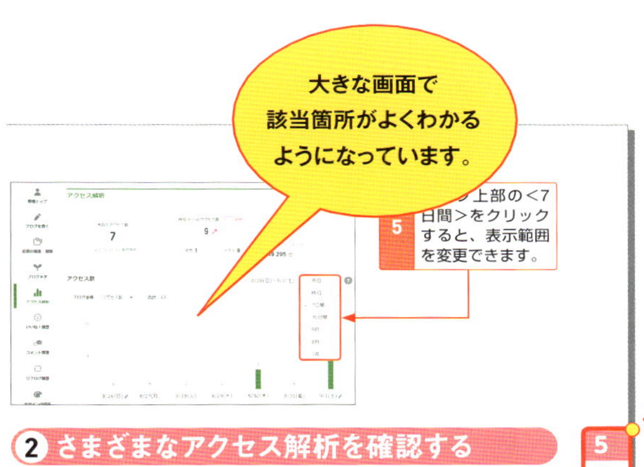

章が探しやすいように、章の見出しを表示しています。

2 さまざまなアクセス解析を確認する

5 ブログをもっと多くの人に見てもらおう

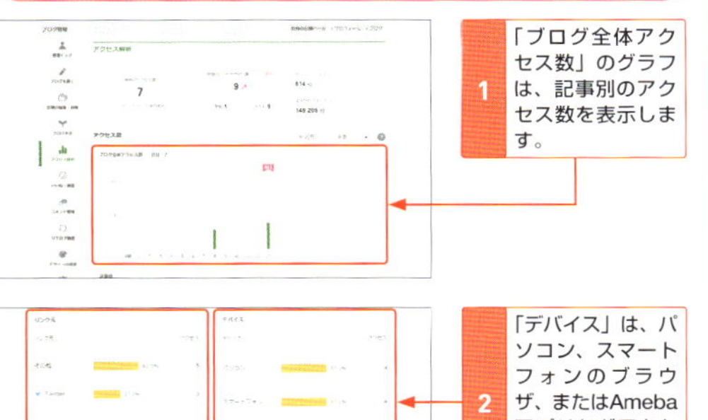

1 「ブログ全体アクセス数」のグラフは、記事別のアクセス数を表示します。
2 「デバイス」は、パソコン、スマートフォンのブラウザ、またはAmebaアプリなどアクセス元のデバイスを確認します。

3 「リンク元」は、どこからアクセスしてきたかを確認できます。

Memo 検索ワード

これまで「リンク元」には、「検索ワード」も表示されていましたが、検索エンジンの仕様変更に伴い、この機能は終了しています。検索からのアクセスをもっと詳細に知りたい場合は、Googleが提供するSearch ConsoleやGoogleアナリティクスを利用します（P.118、122参照）。

121

次の４種類の「解説」を配置しています。

：補足説明

：便利な操作

：用語の解説

：応用操作

CONTENTS

アメブロをスタートしよう

ブログ記事を投稿しよう

ほかのユーザーと交流しよう

CONTENTS

第5章

ブログをもっと多くの人に見てもらおう

第6章 スマートフォンからアメブロを使おう

アメブロでアフィリエイトに挑戦しよう

アメブロ こんなときどうする？ Q&A

ご注意:ご購入・ご利用の前に必ずお読みください

- 本書に記載した内容は、情報の提供のみを目的としています。したがって、本書を用いた運用は、必ずお客様自身の責任と判断によって行ってください。これらの情報の運用の結果について、技術評論社および著者はいかなる責任も負いません。
- サービスやソフトウェアに関する記述は、とくに断りのないかぎり、2018年10月現在での最新バージョンをもとにしています。サービスやソフトウェアはバージョンアップされる場合があり、本書での説明とは機能内容や画面図などが異なってしまうこともあり得ます。あらかじめご了承ください。
- 本書は、以下の環境での動作を検証しています。
  パソコンのOS:Windows 10
  Webブラウザー:Microsoft Edge
  iOS端末:iOS 12.0.1
  Android端末:Android 8.0
- インターネットの情報については、URLや画面などが変更されている可能性があります。ご注意ください。

以上の注意事項をご承諾いただいた上で、本書をご利用願います。これらの注意事項をお読みいただかずに、お問い合わせいただいても、技術評論社は対処しかねます。あらかじめ、ご承知おきください。

アメブロを スタートしよう

Section 01

アメブロで何ができるの?

アメーバブログ（アメブロ）は、サイバーエージェント社が提供する無料のレンタルブログサービスです。ユーザー登録することで、かんたんに自分のブログを開設できます。

1 ブログとは

インターネット上に公開する日記のようなWebサイトと、その投稿システムを総称してブログと呼びます。かんたんな操作で記事の作成や更新ができ、読んだ人がコメントを残せるのが特徴です。

ブログサービスの機能

一般に提供されているブログサービスには、次のような機能があります。

記事の投稿・編集	過去の記事も追加、修正、削除できる（Sec.18参照）
デザインの設定	さまざまなテーマのテンプレートが用意され、かんたんにデザインを変更できる
スマートフォンからの投稿	アプリを利用して、iPhoneやAndroidスマートフォンからブログを投稿できる（Sec.51参照）
アフェリエイト	ブログ記事で商品やサービスを紹介することで、成果に応じて報酬を得ることができる（第7章参照）
コメント	友人どうしで、お互いのブログの感想などを書き込める
SNSとの連携	ブログを投稿すると同時にTwitterなどのSNSにも自動で投稿できる
アクセス解析	ブログへのアクセス数や、検索されたキーワードなどのアクセス情報を収集できる（Sec.45参照）
RSS・PING機能	新規投稿など更新情報をRSSやPINGで広く周知できる

Keyword **RSS**

RSSとは、Webページのタイトルや本文の要約がまとめられたデータのことです。アメブロには、RSSのデータをWebサイトに送信することで、多くの人にブログの更新情報をお知らせできる「PING」という機能があります。

② アメブロの特徴

アメブロは、「アメーバブログ」の通称で、サイバーエージェント社が提供する「Ameba」の Web サービスの1つです。日本で最大級の会員数を誇るブログサービスであり、月間記事投稿数は約 1,000 万件にのぼります。また、アメブロでは多くの芸能人や有名人の公式ブログを読むことができるほか、人気ブログランキングやジャンルごとにアクセス数の多いブログをまとめたプレミアムブログを見ることもでき、さまざまな楽しみ方をすることができます。

アメブロの機能

ブログランキング	毎日のブログへのアクセスをもとにランキングを作成し、デイリー総合ランキング、ジャンル別ランキング、月間総合ランキングが集計される
ブログツール	自分でキャラクターを作れるピグ（Sec.30 参照）や、ブログランキングなど、ほかの会員とコミュニケーションが取れるツールがたくさんある
アメンバー	Ameba 上での友だちのこと。アメンバーになるには、アメンバー申請をして承認を得る必要がある。アメンバーになると、アメンバー限定の記事を閲覧・公開できるようになる（Sec.26 ～ 27 参照）
ペタ	プロフィールやブログなどを訪問した際、ボタンを押すことで訪問を相手に知らせることができる機能。前日のペタの数によって、ボタンのキャラクターが変化する（Sec.28 ～ 29 参照）
グルっポ	同じ趣味や気の合う会員どうしがグループを作り、掲示板上でコミュニケーションが取れるサービス

Section 02

どのようなブログを作るか決めよう

まずは、どのようなブログを作成するかを考えましょう。アメブロでは、ブログの内容にあったジャンルに登録することによって、ジャンル別ランキングに参加できるようになります。

1 ブログジャンルの例

アメブロの公式ジャンルは、大きく「テーマ」、「日記」、「企業」の3つのジャンルに分かれています。日記の内容に合った適切なジャンルに登録すれば、趣味の合う読者から検索されやすくなるメリットもあります。

「テーマ」ジャンルのブログ

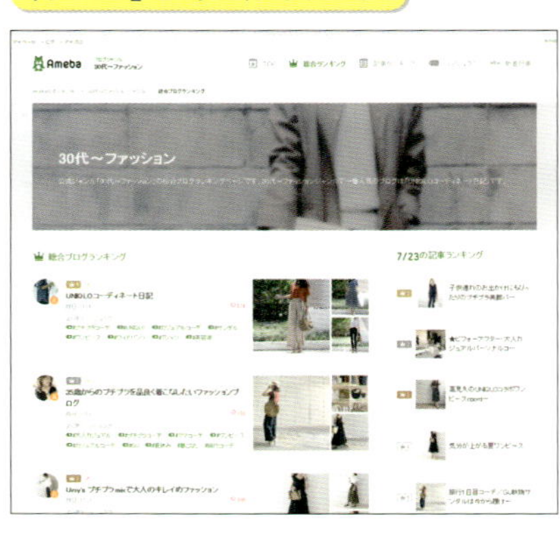

テーマに合った内容のブログのみ参加できます。「料理・グルメ」、「娯楽・趣味」など13の大きなテーマに、それぞれ「毎日のレシピ」や「ハンドメイド雑貨」、「映画レビュー」など多彩なジャンルの選択肢が用意されています。なお、「テーマ」ジャンルのブログでは、公式ジャンル編成部による記事のチェックがあり、テーマと異なる内容と判断された投稿がランキング対象から除外されることがあります。

StepUp ジャンルの設定

アメブロに慣れてきたら、P.114を参照してジャンルを設定しましょう。ジャンルを設定すると、初めて訪れた読者でも、「このブログはこんなテーマについて書いている」ということが、一目でわかるようになります。

「日記」ジャンルのブログ

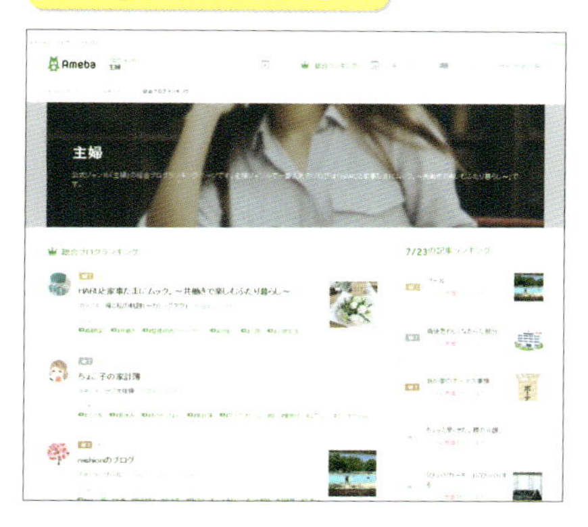

「日記」ジャンルのブログは、1つのテーマにこだわらず、毎日の出来事などを日記のように自由に書きたい人向けのジャンルです。「日記」ジャンルの場合、ブログの内容ではなく「主婦」や「ビジネスマン」、「シニア」、「アラサー」などユーザーの職業や年代でジャンル分けをするのが特徴です。

「企業」ジャンルのブログ

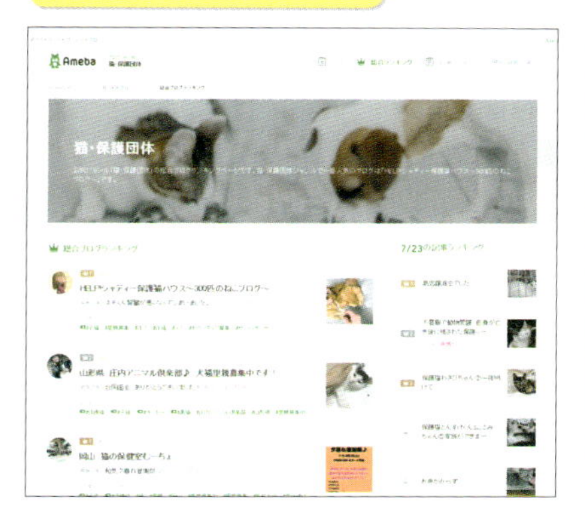

自分が運営する店舗の情報や、企業の公式ブログなどを対象としたジャンルです。「企業」ジャンルは、さらに「店舗・ショップ」や「美容・健康」、「法人・団体・組織」などの業種ごとにさまざまなジャンルが用意されています。なお「日記」と「企業」ジャンルについては、公式ジャンル編成部によるチェックは入りません。

「アフィリエイト」とは?

自分のブログで商品やサービスを紹介し、読者がブログ記事を経由して商品を購入したり、サービスを利用したりするなどの成果があった場合に、それに応じた報酬が得られるしくみです。気軽に続けることができ、趣味と実益を兼ねているため、副業としても人気です（第7章参照）。

Section 03

Amebaに登録しよう

アメブロの開始にあたって、まずはAmebaの会員に登録します。会員に登録することによって、ブログを始めピグやゲーム、コミュニティへの参加など、Amebaのサービスが楽しめるようになります。

1 Amebaに会員登録してアメブロを始める

Amebaの会員登録には、パソコンやスマートフォンで受信できるメールアドレス、パスワード、生年月日などのユーザー情報が必要になります。

1 ブラウザーでAmebaのトップページ（http://ameba.jp/）を表示し、

2 ＜新規会員登録はこちら＞をクリックします。

3 パソコンやスマートフォンで受信できるメールアドレスを入力し、

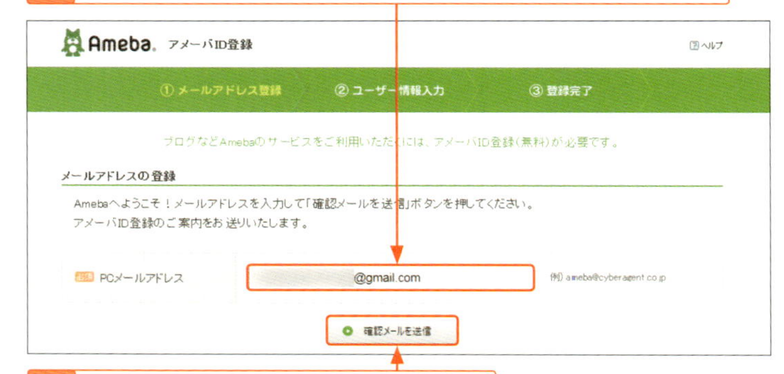

4 ＜確認メールを送信＞をクリックします。

5 P.16手順3で入力したメールアドレス宛に確認メールが送信されます。

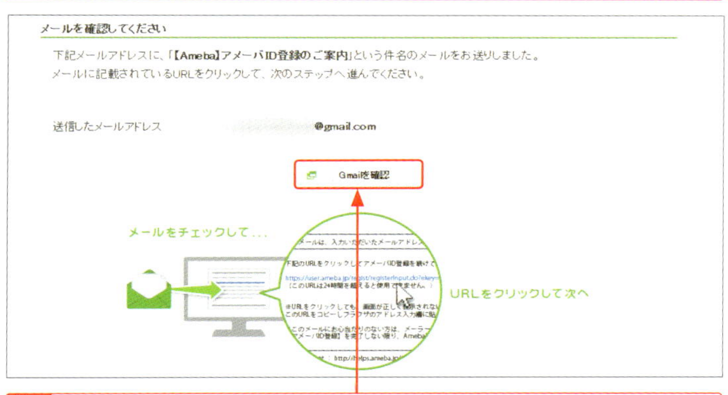

6 GmailやYahoo!メールの場合は、<○○（ここではGmail）を確認>をクリックして、メールの画面を開きます。

7 メールのログイン画面が表示されたらログインします。

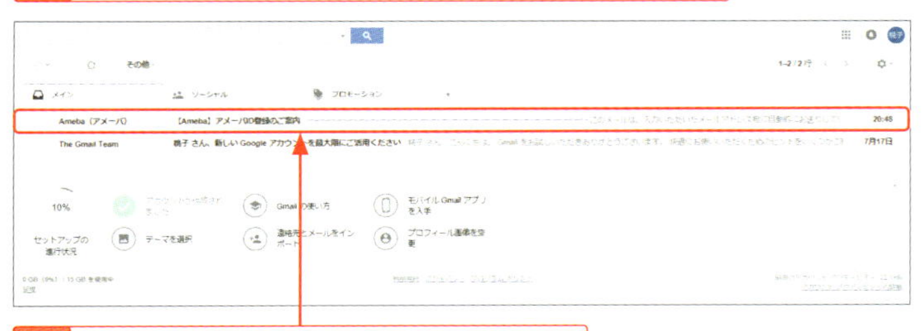

8 Amebaから届いたメールをクリックして、

9 メール内に記載されているURLをクリックします。

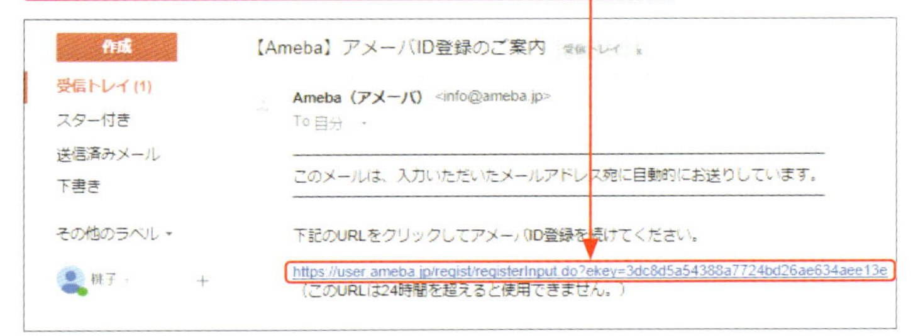

10 アメーバIDの登録画面が表示されます。

11 希望するアメーバIDを入力し、

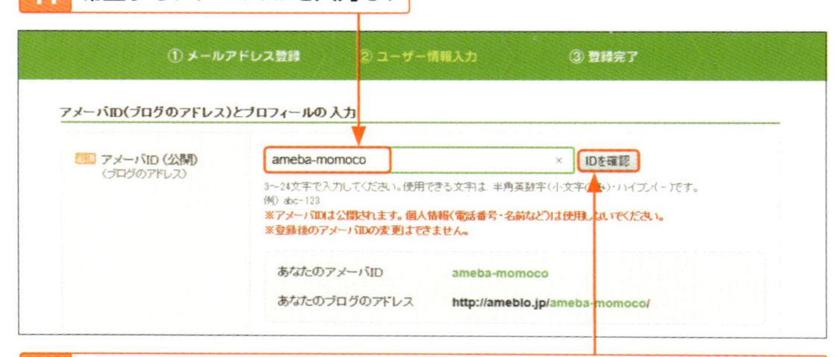

12 ＜IDを確認＞をクリックして、希望するIDが利用可能であるか確認します。

13 パスワードを入力し、

14 性別・生年月日を入力して、

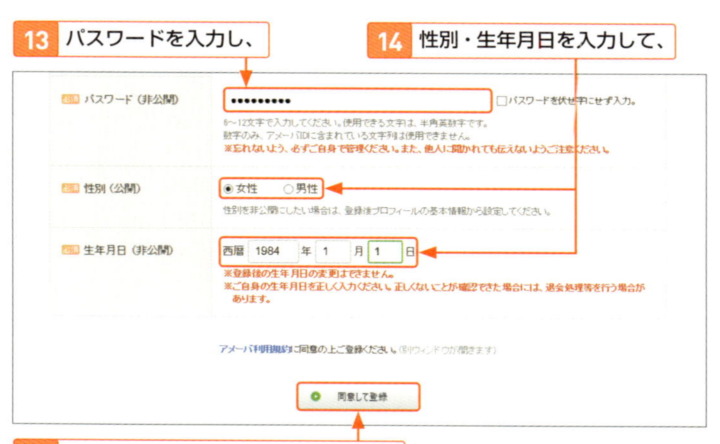

15 ＜同意して登録＞をクリックします。

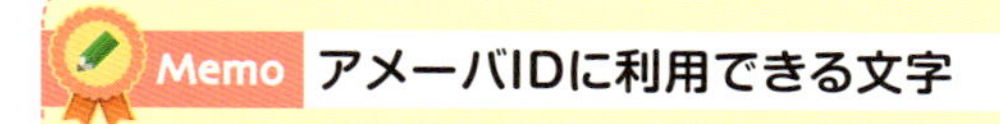

Memo アメーバIDに利用できる文字

アメーバIDには、3～24文字の半角英数字（小文字のみ）とハイフン（-）が使用できます。ただし、希望するIDをほかのユーザーがすでに使用している場合は、別のIDを設定する必要があります。なお、一度登録したIDはアメブロのURLに反映されるため、変更できないので注意しましょう。

16 アメーバIDの会員登録が完了しました。会員登録が完了すると、P.16手順1の画面に戻ります。

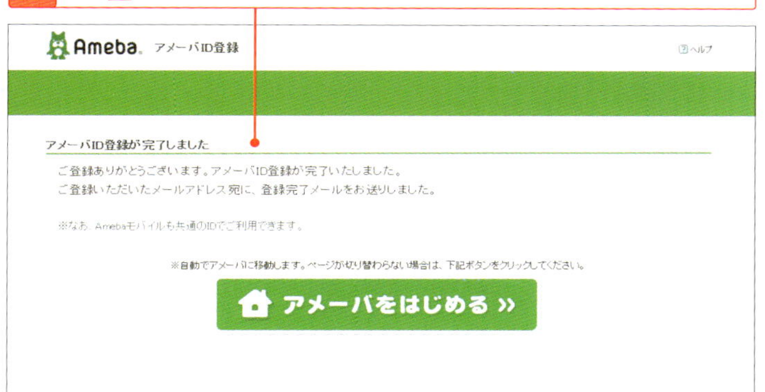

会員情報は忘れないようにしよう

アメーバIDを作成してAmebaへの登録が完了すると、登録したメールアドレスに「ご登録ありがとうございます」という件名のメールが届きます。そのメールには、アメーバIDやブログのURLなどの情報が記載されているので、大切に保管しましょう。メールで届いた情報には、セキュリティ上の理由でパスワードが記載されていませんが、IDと同じく忘れないように安全な方法で記録・保管しておきましょう。

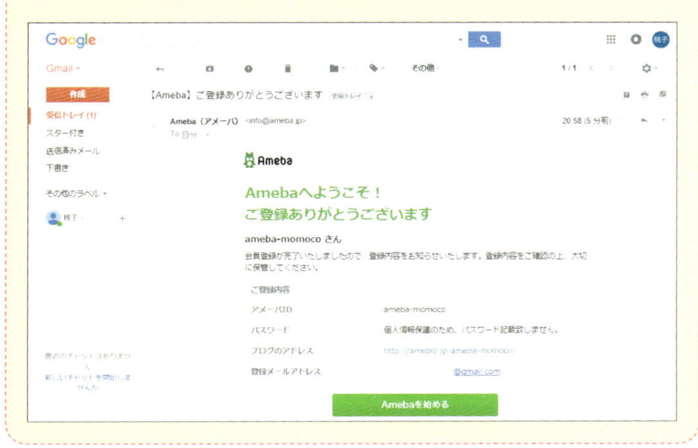

Section 04

マイページの見方を知ろう

Amebaのユーザー登録が完了してログインすると、「マイページ」画面が表示されます。Amebaユーザーのトップページとなる「マイページ」では、どんなことができるのかチェックしてみましょう。

1 マイページの構成を覚える

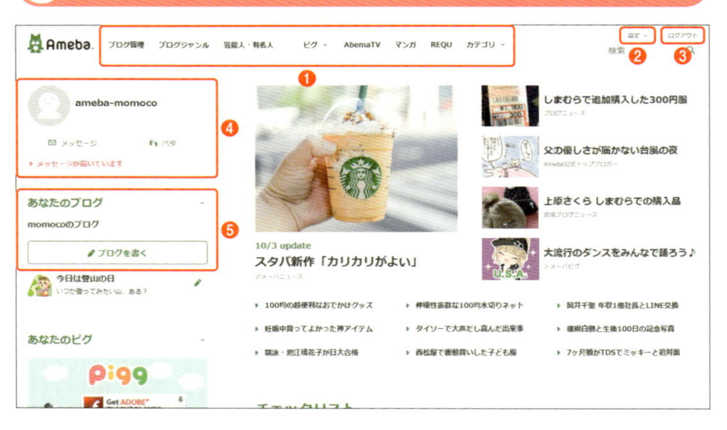

❶	ブログ管理画面や Ameba の各種サービスにアクセスできる
❷	アメブロや関連サービスの各種設定項目を表示する
❸	Ameba からログアウトする
❹	自分のプロフィールやプロフィール編集画面にアクセスする
❺	自分のブログやブログ投稿画面にアクセスする

Memo マイページ画面にかんたんに戻るには

どの画面を表示していても、画面左上部の<マイページへ>をクリックすればマイページ画面に戻ることができます。

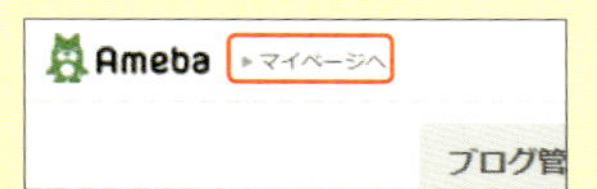

自分のブログを表示したりブログを書いたりするときは、ここから始めます。

アメブロを始め、Amebaの各サービスの設定は、ここから行います。

パスワード、メールアドレスの変更などアカウント関連の設定は、ここから行います（Sec.66、67参照）。

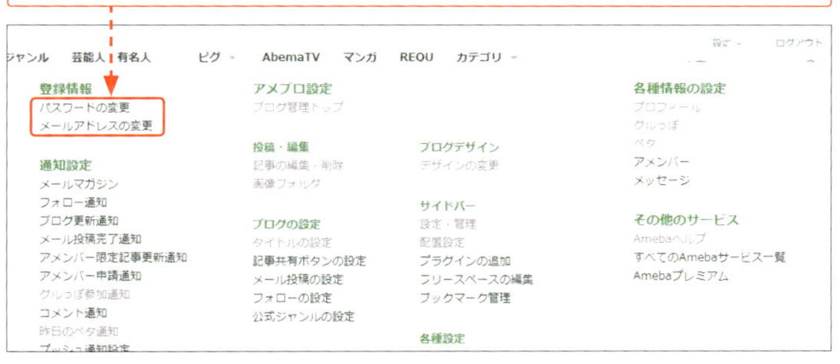

プロフィール画像を設定しよう

プロフィール画像は、自分を表すための画像で、写真やイラストなど好きな画像を設定できます。また、アメブロで利用できるアバターの「ピグ」をプロフィール画像に使用することも可能です。

1 プロフィール画像を設定する

1 マイページを表示し、画面左上のプロフィール名またはアイコンをクリックします。

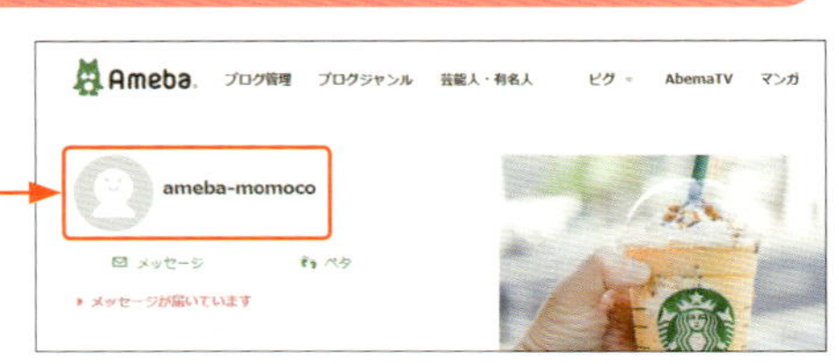

2 <プロフィールを編集>をクリックすると、

3 「プロフィール編集」画面が表示されます。

4 <画像を変更>をクリックします。

Memo プロフィールページ

プロフィールページは、自己紹介のページです。ブログを訪れたほかのユーザーが、「どんな人物がこのブログを書いてるのか」イメージしやすいように、画像やテキストを使って編集しましょう。

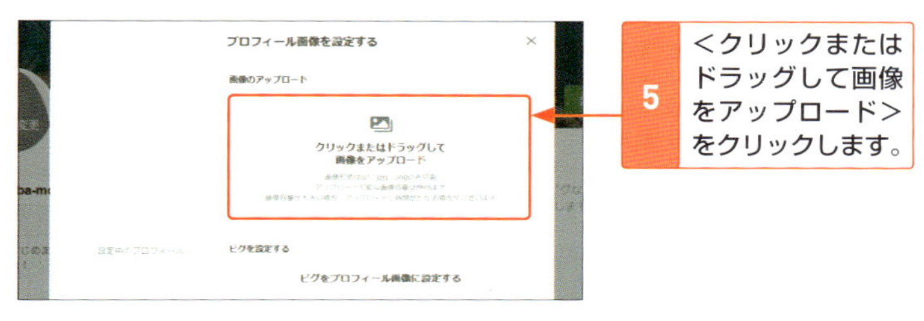

5 ＜クリックまたはドラッグして画像をアップロード＞をクリックします。

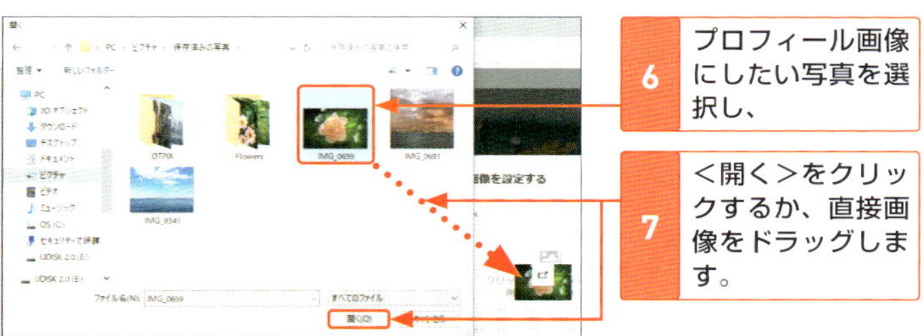

6 プロフィール画像にしたい写真を選択し、

7 ＜開く＞をクリックするか、直接画像をドラッグします。

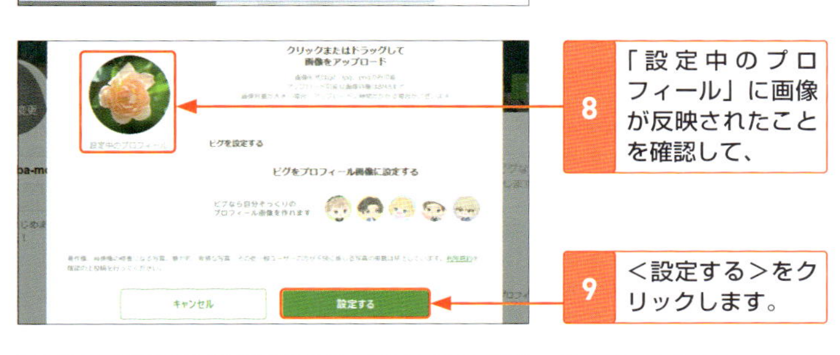

8 「設定中のプロフィール」に画像が反映されたことを確認して、

9 ＜設定する＞をクリックします。

10 ＜変更を保存＞をクリックすると、プロフィール画像が設定できます。

Memo ピグをプロフィール画像にする

手順**4**の画面で、＜ピグをプロフィール画像に設定する＞をクリックすると、ピグの設定画面に切り替わります（Sec.30参照）。ここで作成した自分にそっくりなピグをプロフィール画像として使用できます。

Section 06

プロフィールの設定をしよう

プロフィール画像が決まったら、プロフィールページ全体の設定をしましょう。プロフィールページは、アメブロだけでなく、Amebaの各サービス共通のユーザーページとして機能します。

1 基本情報を設定する

1 マイページを表示し、画面左上のプロフィール名またはアイコンをクリックします。

2 P.22手順 2 ～ 3 を参考に「プロフィール編集」画面を表示します。

3 ニックネームを入力し、

4 ブログや自分の紹介文を入力します。

Memo 個人情報に注意する

プロフィールで設定する一部の項目は、公開／非公開の選択が可能です(次ページ参照)。それ以外の項目でも、個人が特定できるような内容の入力は控えましょう。

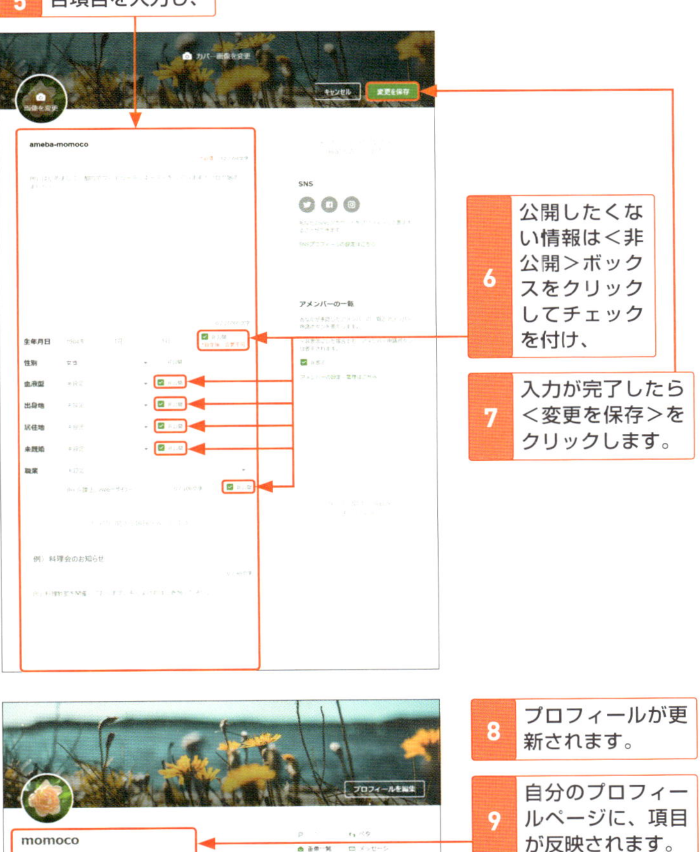

5 各項目を入力し、

6 公開したくない情報は＜非公開＞ボックスをクリックしてチェックを付け、

7 入力が完了したら＜変更を保存＞をクリックします。

8 プロフィールが更新されます。

9 自分のプロフィールページに、項目が反映されます。

Hint フリースペース

プロフィール項目の最後に、フリースペースが用意されています。ここにはイベントの告知やメッセージなど、プロフィールページに掲載したい内容を入力します。本文は20000文字が上限で、入力したURLはリンクとして表示されます。

② カバー画像を設定する

カバー画像は、プロフィールページ上部に大きく表示される画像で、見た目の印象を左右する要素の1つです。自分で好きな画像を設定することができますが、設定せずにランダムな画像を自動で表示させることも可能です。

1 マイページを表示し、画面左上のプロフィール名またはアイコンをクリックします。

2 P.22手順 2 ～ 3 を参考に「プロフィール編集」画面を表示したら、

3 <カバー画像を変更>をクリックします。

4 「カバー画像を設定する」画面で<クリックまたはドラッグして画像をアップロード>をクリックし、

5 カバーに使用したい画像を選択して、

6 <開く>をクリックします。

7 「設定中のカバー」で画像が反映されたことを確認し、

8 ＜設定する＞をクリックします。

9 プロフィール編集画面に戻ったら、＜変更を保存＞をクリックします。

10 自分のプロフィールページに、設定したカバー画像が反映されます。

Memo カバー画像のサイズ

カバー画像の表示サイズは、横が1120px、縦が256pxに固定されています。サイズからわかるように、横に長い画像になるため、デジカメなどで撮影した写真を使用すると写真の上下（縦位置の写真では左右）が切り取られて表示されます。また、スマートフォンでは表示サイズが異なるため、パソコンの画面とは見え方が違うことにも注意しましょう。

Section 07

ブログ管理画面の見方を知ろう

これまではAmebaのサービス全体の設定をしてきましたが、ここからはいよいよブログの設定に入ります。まずは、アメブロのさまざまな設定を行う「ブログ管理」画面を見ていきましょう。

1 管理画面を表示する

1 マイページを表示したら、

2 画面上部の<ブログ管理>をクリックします。

3 「ブログ管理」画面が表示されます。

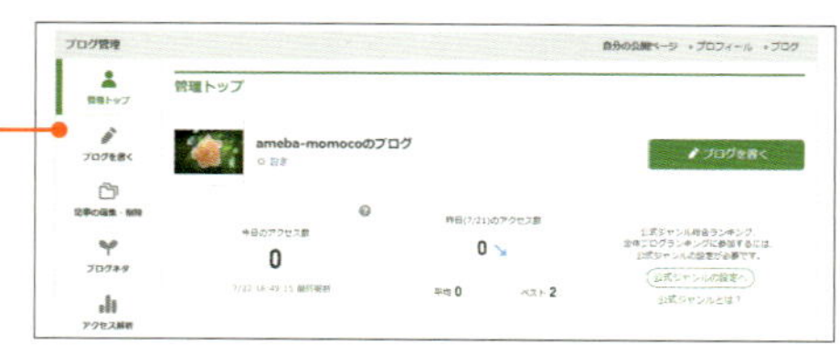

Keyword アクセス数／ランキング

「ブログ管理」の「管理トップ」画面には、「アクセス数」と「ランキング」が表示されます。このうち「アクセス数」は、自分のブログが閲覧された回数のことを指し、ブログ管理項目の「アクセス解析」を利用して詳細な情報が閲覧できます（Sec.45参照）。一方、「ランキング」には、「デイリー総合ランキング」、「月刊総合ランキング」とブログにジャンルを設定することで参加できる「ジャンル別ランキング」が表示されます。

❷ 管理画面の構成を覚える

❶管理トップ	「管理トップ」画面を表示する
❷ブログを書く	ブログ作成画面を表示する
❸記事の編集・削除	投稿した記事は、月別に保存される。過去の記事の編集や削除はここから行う
❹ブログネタ	Ameba からネタとなる話題が提供され、記事を書いたり、キャンペーンに参加したりすることができる
❺アクセス解析	ブログが閲覧された回数や推移など、ブログへのアクセスに関するデータが確認できる（Sec.45 参照）
❻いいね！履歴	いいね！された記事や、いいね！してくれたユーザーなど、いいね！の履歴が確認できる
❼コメント管理	自分の投稿記事に付いたコメントの一覧が表示され、ここから返信や削除ができる
❽リブログ履歴	リブログされた記事や、誰がリブログしてくれたのかを確認できる
❾デザインの設定	ブログのデザインテンプレートの選択（Sec.09 参照）や、デザインの詳細なカスタマイズ（第 4 章参照）ができる
❿設定・管理	ブログ関連のさまざまな設定や管理機能が集約された画面

Section 08 ブログの基本設定をしよう

ブログ記事を投稿する前に、ブログのタイトルや記事の表示、「コメント」や「いいね!」などを事前に設定しておきます。ここではブログの基本設定について解説します。

1 アメブロの基本設定を行う

1 P.28手順 1 ～ 2 の方法で「ブログ管理」画面を表示します。

2 <設定・管理>をクリックし、

3 <基本設定>をクリックします。

4 「アメブロの基本設定」画面が表示されます。

5 ブログタイトルと説明文を入力し、

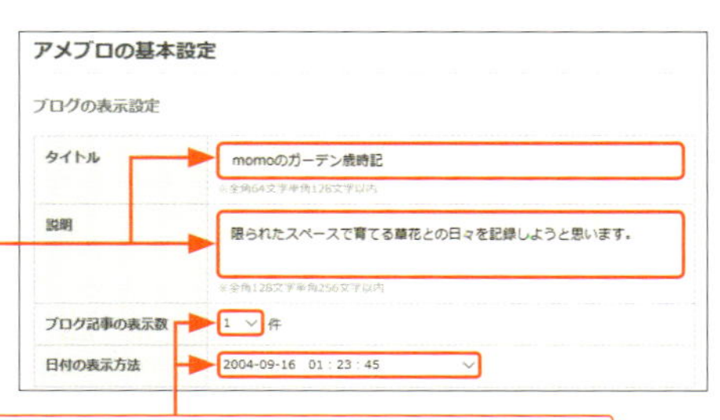

6 ブログ画面に表示したい記事数、日付の表示方法を設定します。

Memo フォロー管理

「フォロー管理」欄では、フォローの承認設定が変更できます。フォローを承認すると、フォローされたユーザー宛てにブログの更新情報が送信されます。なお、「フォロー」については、Sec.25で解説しています。

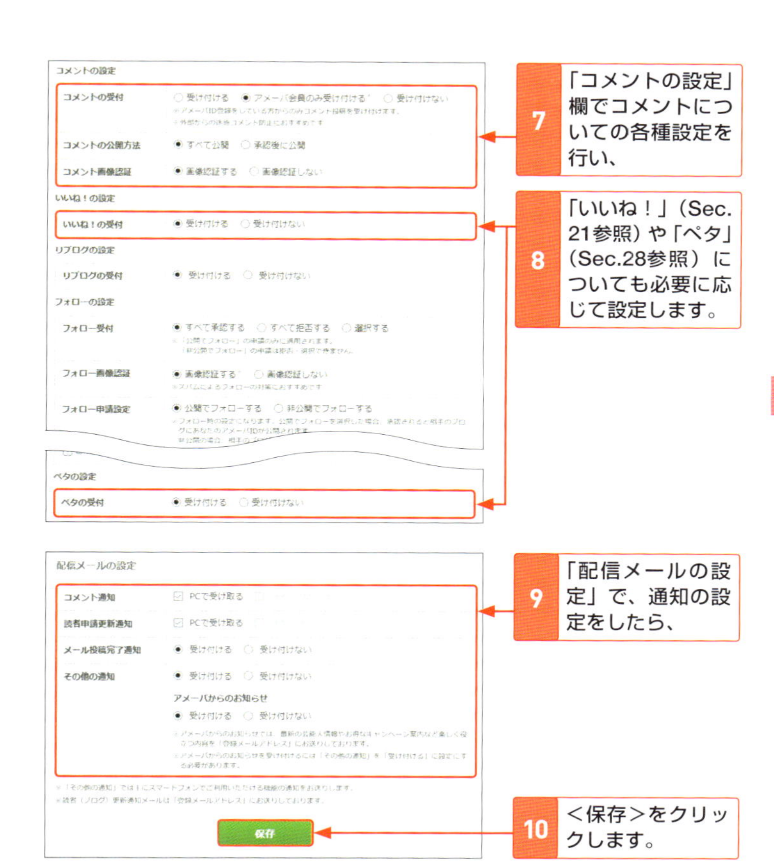

7 「コメントの設定」欄でコメントについての各種設定を行い、

8 「いいね！」（Sec.21参照）や「ペタ」（Sec.28参照）についても必要に応じて設定します。

9 「配信メールの設定」で、通知の設定をしたら、

10 ＜保存＞をクリックします。

Memo ブログの説明文

P.30手順**5**の「説明」には、ブログの内容がわかるような説明文を入力しましょう。ここで設定した説明文は、ブログタイトルの下に表示されます。説明文を入力せずに既定のままで公開してしまうと、「ブログの説明を入力します。」と表示されるので注意しましょう。

Section 09

自分好みのデザインを設定しよう

アメブロには、絵柄とレイアウトを選ぶだけでブログのデザインを変更できるテンプレートが数多く用意されています。また、テンプレートは新しいデザインが随時追加されます。

1 ブログのデザインを変更する

1 P.28手順 1 ～ 2 の方法で「ブログ管理」画面を表示し、

2 ＜デザインの設定＞をクリックします。

3 「デザインの変更」画面が表示されます。

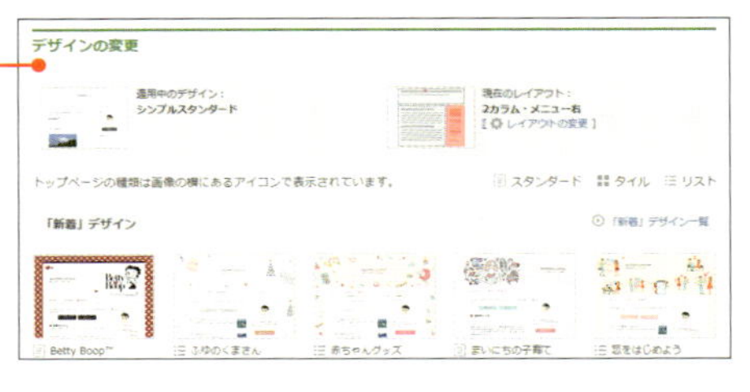

4 見たいカテゴリの右側にある＜○○デザイン一覧＞をクリックすると、

5 そのカテゴリのデザインが一覧表示されます。

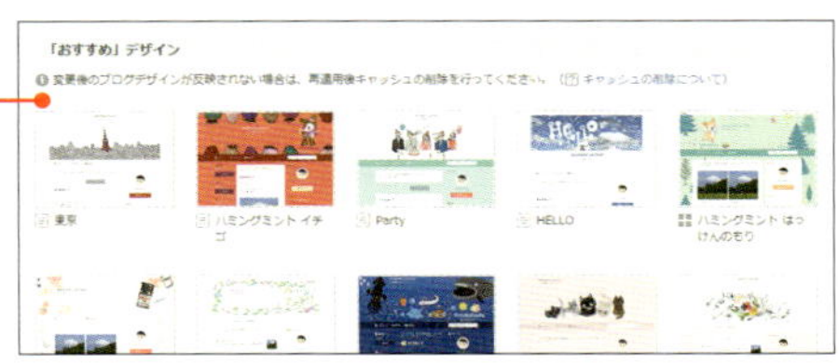

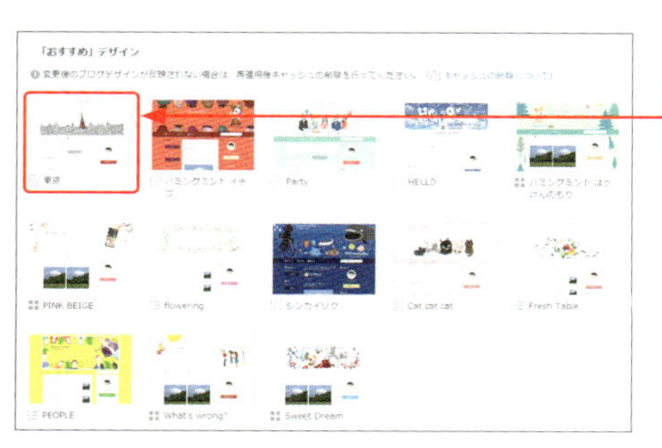

6 気に入ったデザインをクリックします。

7 手順 **6** で選択したデザインのプレビューが表示されます。

8 ブログのレイアウトを選択し、

9 <適用する>をクリックします。

10 ブログのデザインとレイアウトが設定されます。

11 <ブログを確認する>をクリックすると、

12 適用したデザインが確認できます。

Section 10

Amebaのログイン・ログアウトの方法を覚えよう

Amebaからログアウト後、再度マイページの表示やアメブロの更新をするにはAmebaにログインする必要があります。なお、しばらく作業しない場合は、ログアウトしておくとよいでしょう。

1 Amebaにログインする

1 ブラウザーでAmebaのトップページ（http://ameba.jp）を表示して、

2 ＜ログインする＞をクリックします。

3 ログイン画面が表示されたら、

4 Sec.03で設定したアメーバIDとパスワードを入力し、

5 ＜ログイン＞をクリックします。

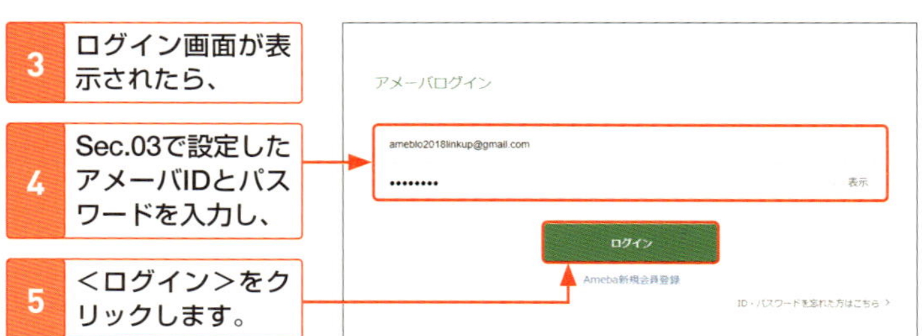

Memo 共有パソコンでログインした場合

ほかのユーザーと共有で使用しているパソコンの場合は、利用し終わったら必ずAmebaからログアウトしましょう。ログインした状態でパソコンを終了させてもログアウトはされません。

2 Amebaからログアウトする

1 マイページの右上部にある＜ログアウト＞をクリックします。

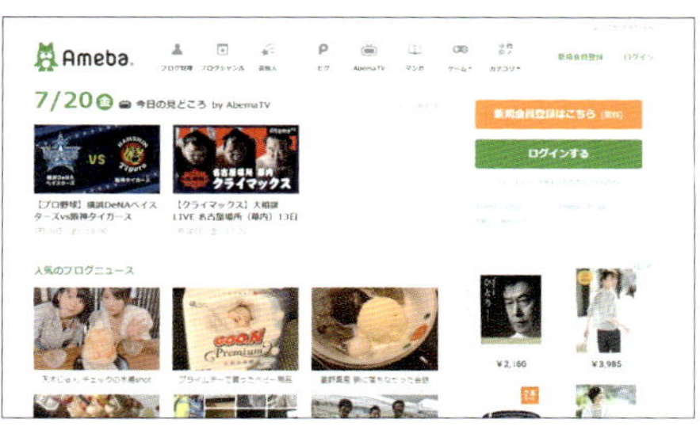

2 Amebaからログアウトすると、Amebaのトップページが表示されます。

Hint IDとパスワードを記憶させる

アメーバID作成後、初めてログインするときに、パスワードの保存を許可すると、ブラウザーがIDとパスワードを記憶します。これにより、次回ログイン時にIDとパスワードが入力された状態で表示され、入力の手間が省けます。ただし、パソコンをほかのユーザーと共有している場合は、不正ログインの恐れがあるためログイン情報の記録を許可しないようにしましょう。

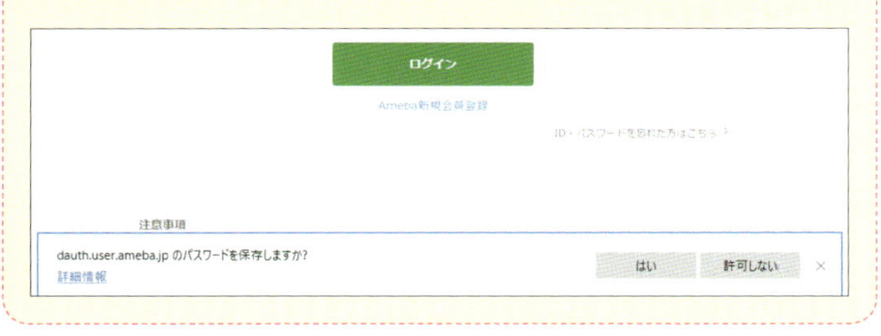

アメブロ以外のAmebaのサービス

Amebaに登録すると、アメブロ以外にもAmebaのさまざまなサービスが利用できるようになります。ここではAmebaが提供する主なサービスをいくつか紹介します。ほかにもAmeba会員であれば誰でも利用できる各種ゲームや、アメーバIDがなくても視聴できるインターネットテレビ局「AbemaTV」などさまざまなサービスがあります。

アメーバピグ

「ピグ」と呼ばれる自分自身のキャラクターを操作して街へお出かけしたり、ほかのユーザーのピグと交流したりして楽しく遊べます(Sec.30参照)。

ペコリ

「ペコリ」は、手作り料理のレシピと写真を投稿するお料理コミュニティです。AndroidスマートフォンやiPhoneでは、専用アプリも利用できます。

Ameba Ownd

スタイリッシュなテンプレートを使って、誰でもかんたんに自分のWebサイトが作れるサービスです。豊富なデザインテーマの中から選択することができます。

ブログ記事を投稿しよう

Section 11

記事を書いて投稿しよう

第1章では、ブログを始める準備を整えてきました。ここからはいよいよブログを作成して、実際に投稿していきます。まずは、ブログの基本である記事の作成から公開までの手順を解説します。

1 ブログに記事を書く

1. マイページを表示して、
2. <ブログを書く>をクリックします。
3. 「ブログを書く」画面に切り替わります。
4. ブログのタイトルを入力し、
5. 続いてブログの本文を入力します。

Memo プレビューで確認する

記事の作成中に、画面上部の<プレビュー>をクリックすると、記事がブログ上でどのように表示されるかを確認できます。なお、プレビューを表示する画面は、現在のウィンドウか別のウィンドウから選択が可能です。

2 記事を公開する

1 P.38手順**1**～**5**の方法で記事を作成したら、

2 画面下部にある<全員に公開>をクリックします。

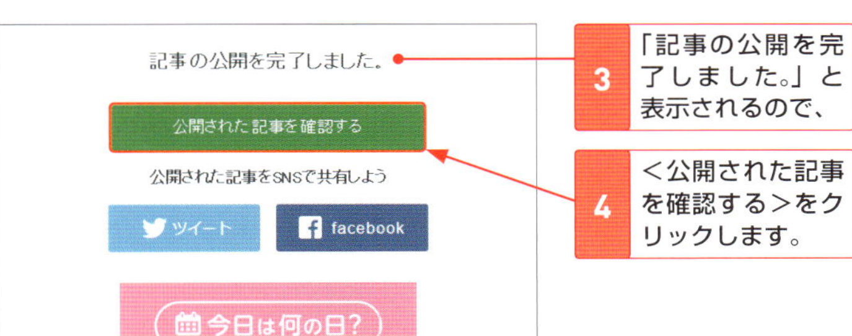

3 「記事の公開を完了しました。」と表示されるので、

4 <公開された記事を確認する>をクリックします。

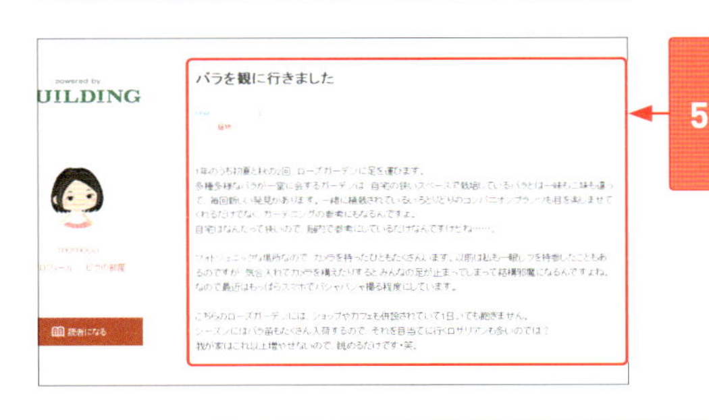

5 自分のブログに切り替わり、投稿した記事が表示されます。

Memo 公開範囲について

記事の公開範囲は、ここで選択した「全員に公開」のほかに、公開先を自分のアメンバーになっている人を対象にした「アメンバー限定公開」（Sec.27参照）と自分だけが閲覧できる「下書き」（Sec.17参照）が用意されています。また、「全員に公開」をしたあとでも、公開先は変更することができます。

記事に画像を載せよう

ブログ記事には、文章のほかに画像を添えて投稿することもできます。デジタルカメラやスマートフォンで撮影した写真を掲載することで、メリハリのあるわかりやすい記事に仕上がります。

1 記事に画像を掲載する

1 Sec.11手順1～2の方法で「ブログを書く」画面を表示します。

2 記事本文内で画像を挿入したい位置をクリックし、

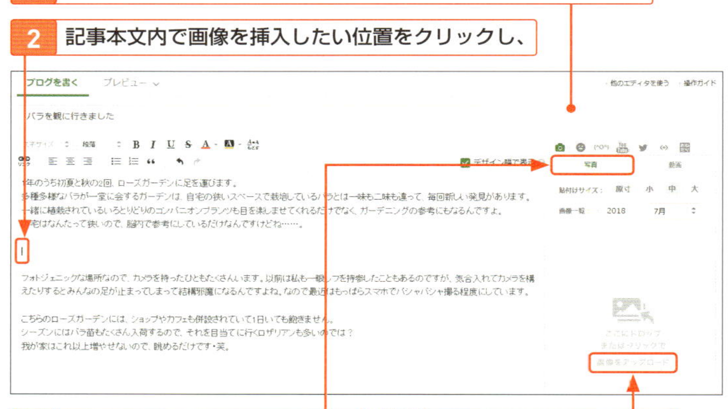

3 📷タブで「写真」が選択されていることを確認したら、

4 ＜画像をアップロード＞をクリックします。

5 使いたい写真を選択し、

6 ＜開く＞をクリックするか、写真を「ここにドロップ」のエリアにドラッグ＆ドロップします。

7 P.40手順 **5** ～ **6** で選択した写真が「写真」タブに追加されます。

8 掲載する画像サイズを選択し、

9 使用する写真のサムネイルをクリックすると、

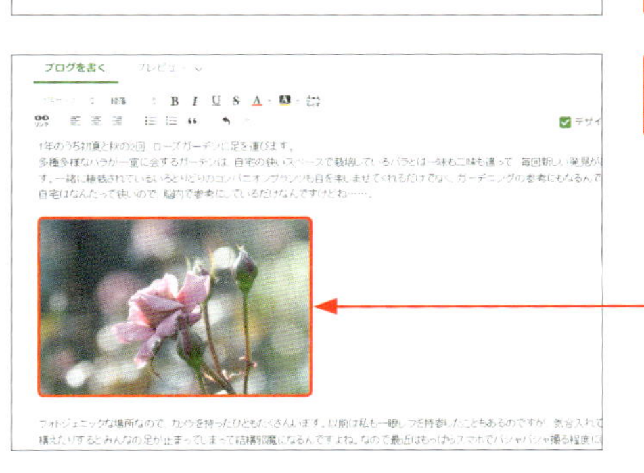

10 記事に画像が掲載されます。

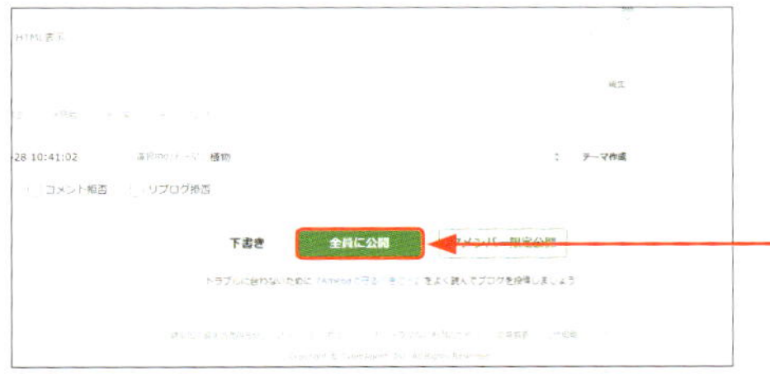

11 画面をスクロールして画面下部を表示し、

12 <全員に公開>をクリックします。

StepUp アップロードできる画像の容量

アメブロでは、画像1枚につき3MBまでのアップロードが可能です。アップロードした画像は専用フォルダに保存されますが、このフォルダの容量は1TBと大容量になっています。なお有料プランでは、それぞれアップロード容量10MB、フォルダ容量無制限となります。複数画像のアップロードにも対応しているので、あらかじめ画像をアップロードしておいて、後日ブログで利用することも可能です。

Section 13

記事にリンクを載せよう

記事の内容に関連するWebサイトを紹介したいときは、Webサイトのリンクを使ってリンクを追加しましょう。新規リンクを作成するほか、記事内の文字列や画像にリンクを設定することも可能です。

1 記事にリンクを追加する

1 「ブログを書く」画面で、リンクを挿入したい箇所をクリックし、

2 <リンク>をクリックします。

3 「リンクの作成」画面が表示されます。

4 リンクとして表示させるテキストを入力し、

5 リンク先のURLを入力します。

6 リンクを別ウィンドウで開く場合はチェックを付け、同じウィンドウで開く場合はチェックを外します。

7 設定が完了したら<決定>をクリックします。

8 記事にリンクが追加されます。

2 すでに入力されている文字列にリンクを追加する

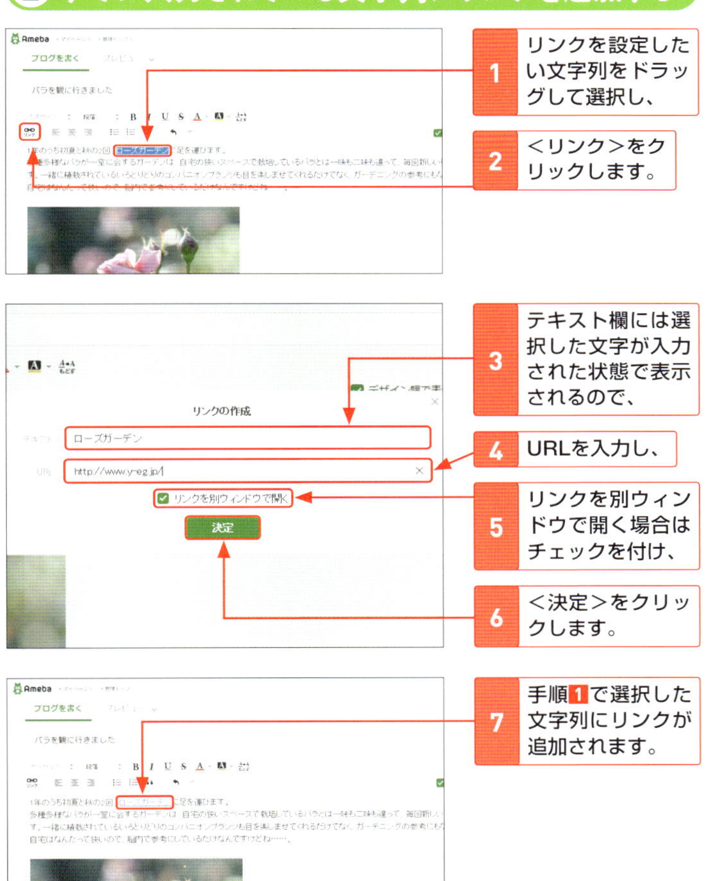

1 リンクを設定したい文字列をドラッグして選択し、
2 <リンク>をクリックします。
3 テキスト欄には選択した文字が入力された状態で表示されるので、
4 URLを入力し、
5 リンクを別ウィンドウで開く場合はチェックを付け、
6 <決定>をクリックします。
7 手順1で選択した文字列にリンクが追加されます。
リンクの作成
ローズガーデン
http://www.y-eg.jp/
リンクを別ウィンドウで開く
決定

Memo 画像にリンクを設定する

画像にリンクを設定したい場合は、Sec.12を参照して記事に画像を追加し、その画像をクリックして選択してから<リンク>をクリックしましょう。

記事の文字を装飾しよう

キーワードを強調したり文章に変化を付けたりしたいときは、文字の色や大きさを変えると効果的です。カラーパレットや文字サイズなど編集メニューを利用して、読みやすい記事を作成しましょう。

1 文字の色を変更する

1 「ブログを書く」画面で、色を変更したい文字列を選択し、

2 A の右側の ▼ をクリックします。

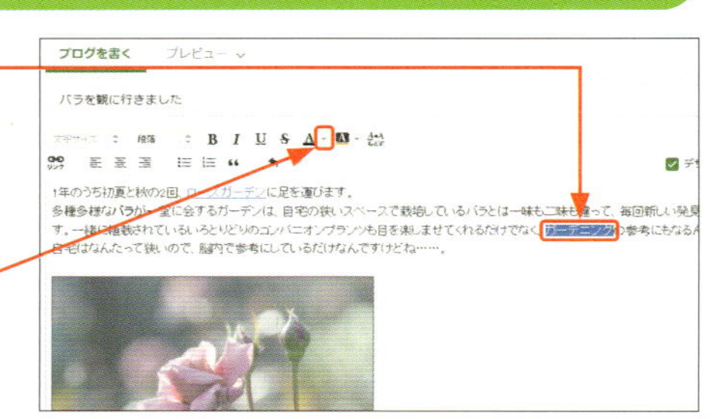

3 カラーパレットが表示されたら、

4 設定したい色をクリックします。

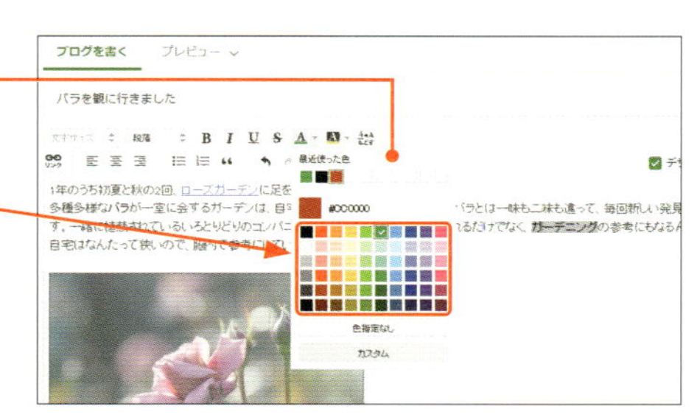

5 文字の色が変更されます。

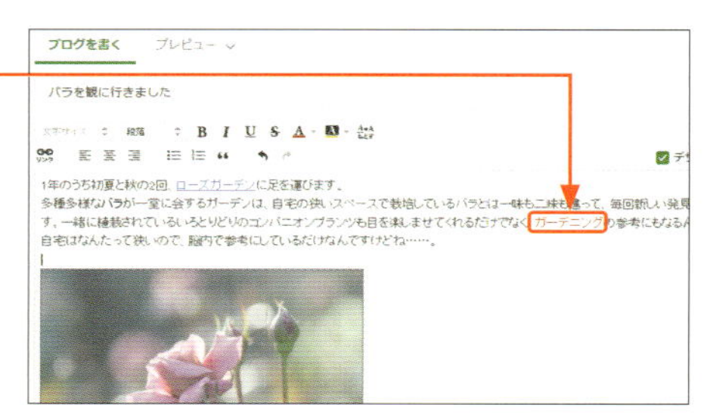

② 文字の大きさを変更する

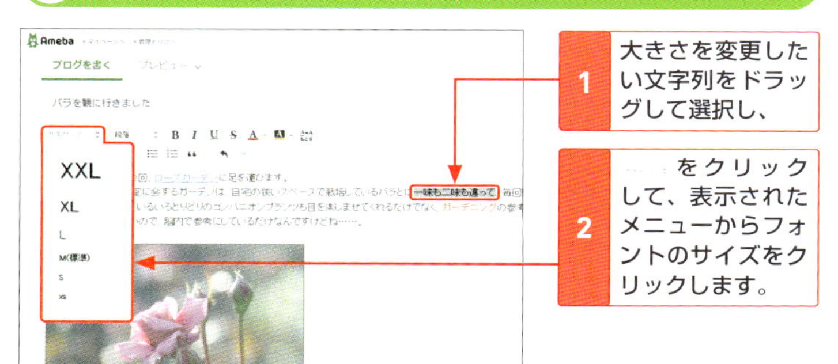

1 大きさを変更したい文字列をドラッグして選択し、

2 をクリックして、表示されたメニューからフォントのサイズをクリックします。

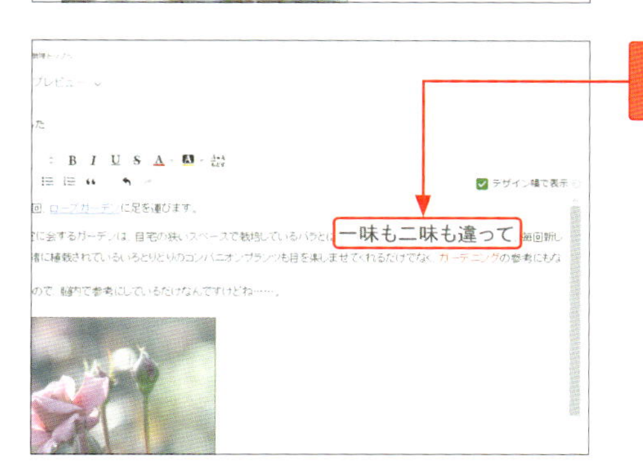

3 文字の大きさが変更されました。

Hint そのほかの装飾

色と大きさ以外にも、文字にはさまざまな装飾を追加できます。色や大きさの変更と同様に、あらかじめ文字列を選択してからメニューバーのアイコンをクリックします。たとえば、B をクリックすると太字に、*I* なら文字に斜体がかかります。また、段落 をクリックして表示されるメニューからは、見出しや段落などのスタイルが選択できます。ほかにも行揃えやリスト、引用など多彩な項目が揃っているので、視覚的にメリハリを付けたいときに試してみましょう。

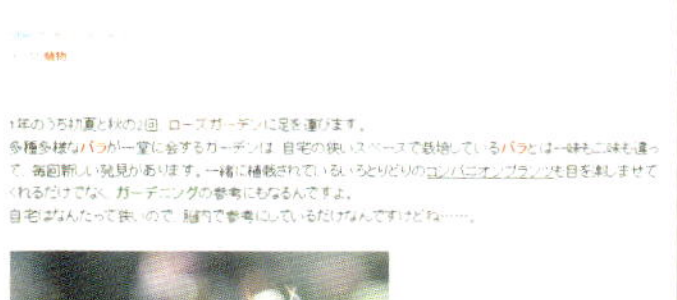

Section 15 リブログでほかの人の記事を紹介しよう

ほかのアメブロユーザーのブログ記事を紹介したい場合は、自分のブログ記事内に概要とリンクを張り付ける「リブログ」機能を利用すると便利です。リブログすると、リブログ元のユーザーに通知されます。

1 リブログとは

リブログは、特定のブログ記事とそのページへのリンクを自分のブログに埋め込んで引用する機能で、Twitterの「リツイート」やFacebookの「シェア」とよく似ています。記事の一部をコピー&ペーストする「引用」とは異なり、該当する記事の概要とリンクを埋め込むことで引用元を明らかにすることができます。なお、リブログ元のブログ主には、リブログしたことが通知されます。逆に、自分のブログ記事がほかのユーザーによってリブログされた場合は、「ブログ管理」画面の「リブログ履歴」でどの記事が誰にリブログされたのかわかるしくみです。

Hint リブログして欲しくないときは?

特定のブログ記事について、リブログされたくない場合は、リブログを拒否することができます。「ブログを書く」画面下部にある<リブログ拒否>にチェックを付けると、その記事には<リブログ>ボタンが表示されなくなります。すべてのブログ記事でリブログをオフにするには、「ブログ管理」画面→「設定・管理」→「基本設定」の「リブログの受付」設定で「受け付けない」にチェックを付けます。

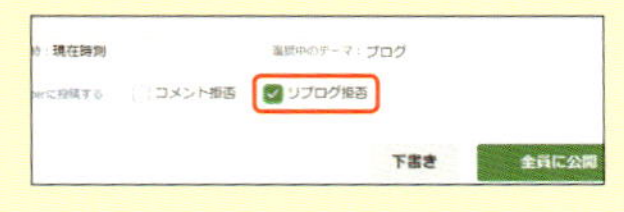

2 ほかの人のブログをリブログする

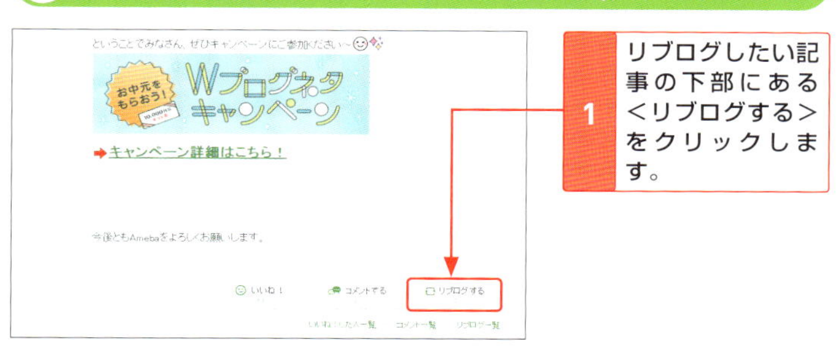

1 リブログしたい記事の下部にある＜リブログする＞をクリックします。

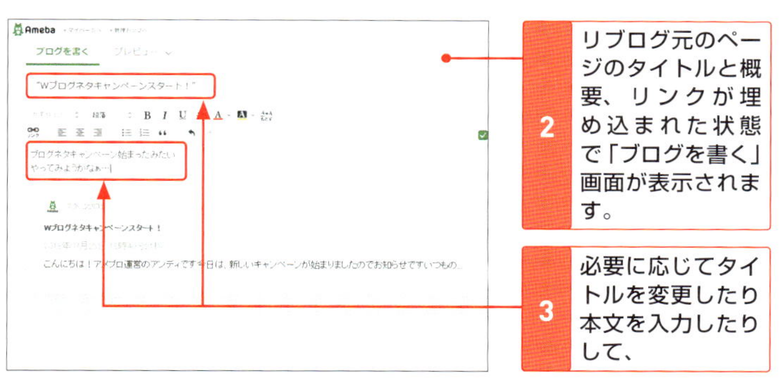

2 リブログ元のページのタイトルと概要、リンクが埋め込まれた状態で「ブログを書く」画面が表示されます。

3 必要に応じてタイトルを変更したり本文を入力したりして、

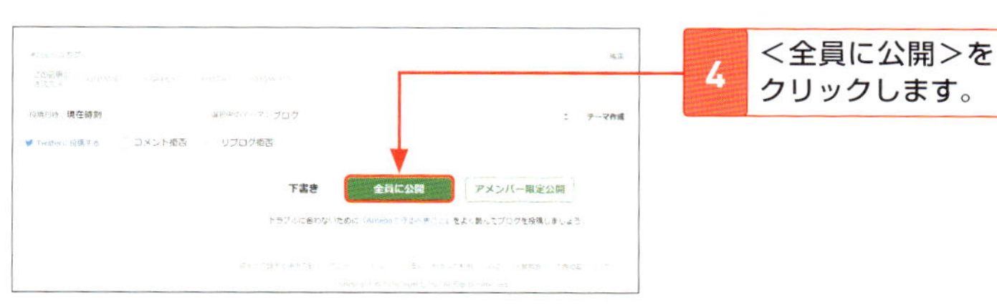

4 ＜全員に公開＞をクリックします。

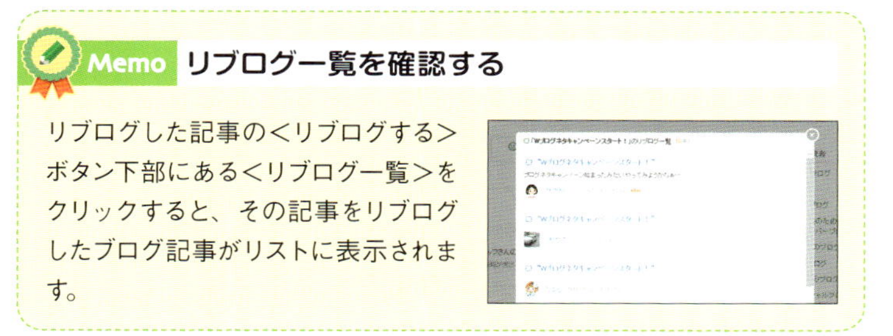

Memo リブログ一覧を確認する

リブログした記事の＜リブログする＞ボタン下部にある＜リブログ一覧＞をクリックすると、その記事をリブログしたブログ記事がリストに表示されます。

Section 16

YouTubeの動画を記事に載せよう

アメブロには、Twitterのようにアカウントを連携しなくても外部サイトのコンテンツを記事に貼り付けることができます。ここでは、YouTubeを例に動画を貼り付ける方法を紹介します。

1「ブログを書く」画面から直接動画を貼り付ける

1 「ブログを書く」画面で、[YouTube]をクリックし、

2 キーワードを入力して記事に掲載したい動画を検索します。

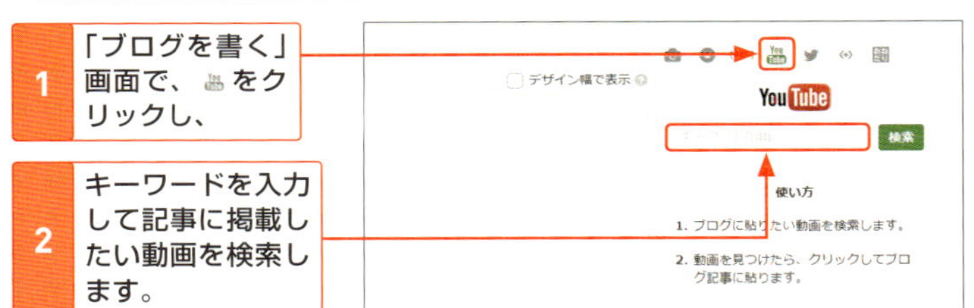

3 目的の動画が見つかったら、貼り付けサイズを選んでから、

4 動画のサムネイルをクリックします。

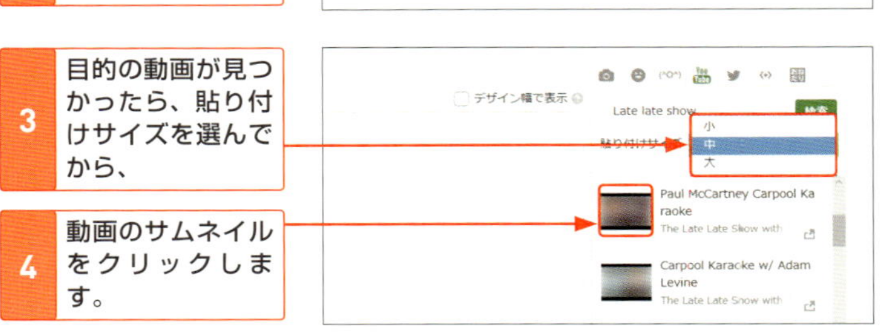

5 記事入力欄に手順4で選択した動画が挿入されます。

6 タイトルと本文を入力して記事を投稿します。

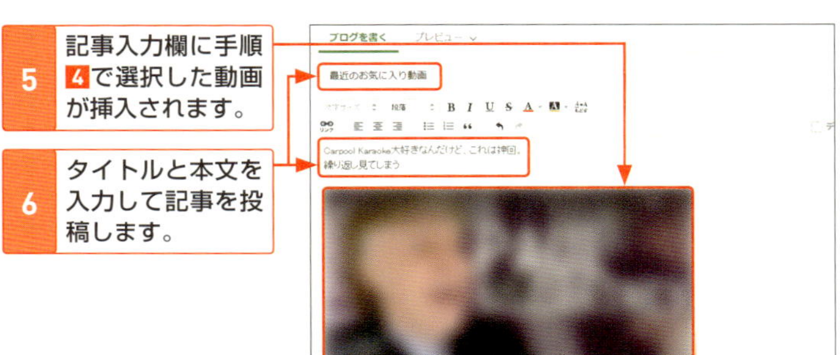

② YouTubeから記事を作成する

1. ブログに貼り付けたい動画をYouTubeで表示しておきます。
2. 動画の下にある<共有>をクリックし、
3. 表示されたウィンドウで<Ameba>をクリックします。

4. 動画のコードが挿入された状態で「ブログを書く」画面が表示されます。
5. タイトルと本文を入力して、
6. <全員に公開>をクリックします。

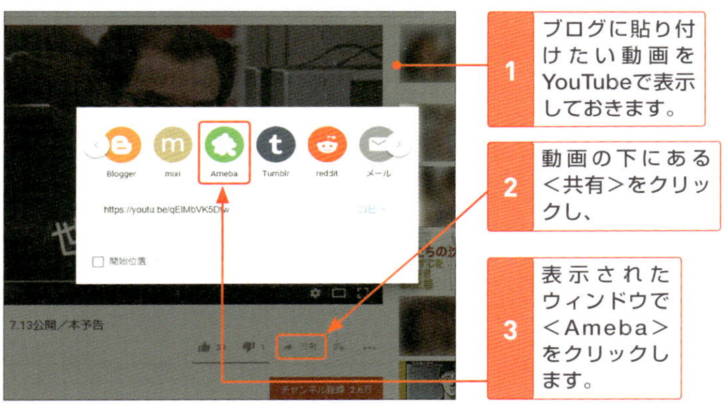

StepUp YouTube以外の外部機能を貼り付ける

YouTubeのようにブログ記事に掲載できるコンテンツは、ほかにもあります。Googleマップ（https://www.google.co.jp/maps）やInstagram（https://www.instagram.com）など、埋め込みコードを配布しているWebサービスが対象です。各Webサービスでコピーした埋め込みコードを「ブログを書く」画面に貼り付けますが、このとき本文入力欄を入力欄下部から「HTML表示」に切り替えて貼り付けると失敗がありません。

下書きを保存しよう

書きかけの記事や、今は公開できないけれど書き残しておきたい記事などは、「下書き」機能を利用しましょう。記事を非公開の状態で保存しておけるので便利です。

1 記事を下書き保存する

1 「ブログを書く」画面で、記事の作成や編集を行い、

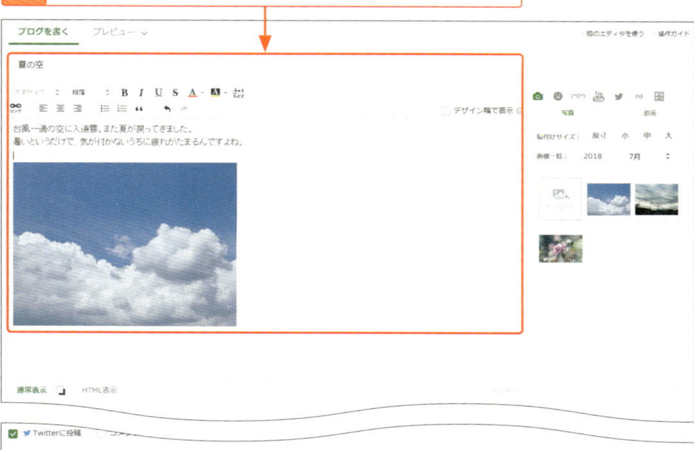

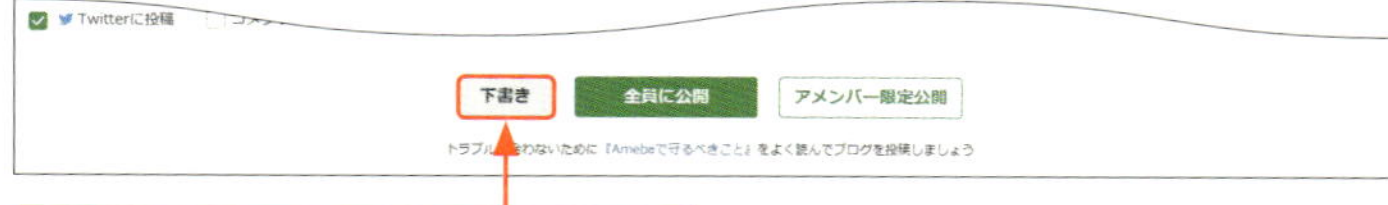

2 <下書き>をクリックします。

3 記事が下書き保存されます。

4 <閉じる>をクリックしてウィンドウを閉じます。

下書き保存が完了しました。

引き続き記事をお書き下さい
尚、記事公開時に禁止タグが挿入されていると公開できません

閉じる

② 下書き保存した記事を公開する

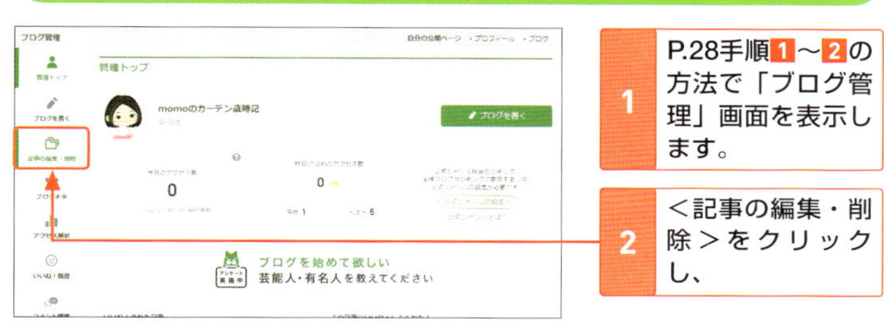

1 P.28手順1～2の方法で「ブログ管理」画面を表示します。

2 ＜記事の編集・削除＞をクリックし、

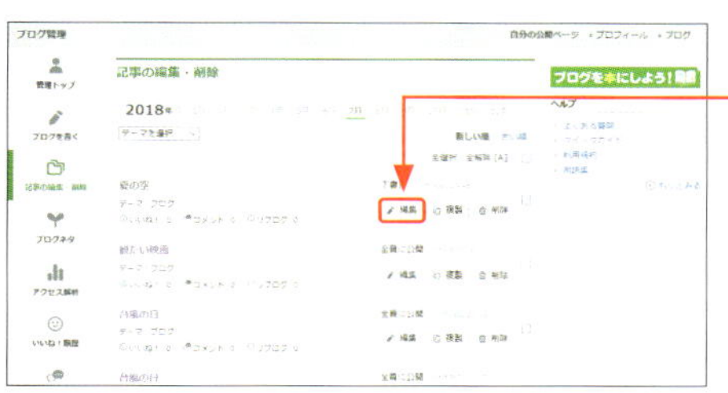

3 公開する記事の＜編集＞をクリックします。

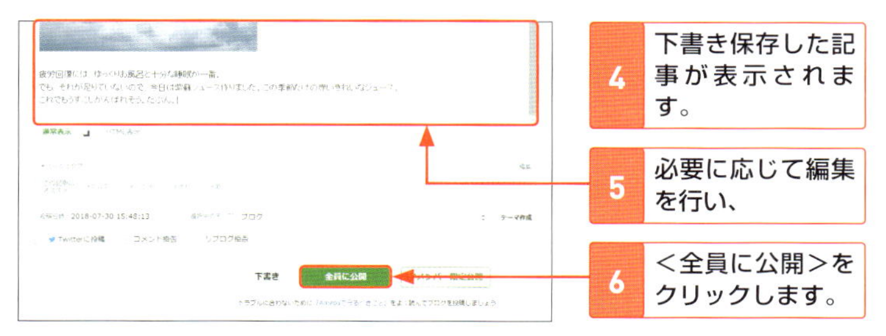

4 下書き保存した記事が表示されます。

5 必要に応じて編集を行い、

6 ＜全員に公開＞をクリックします。

Memo 記事の公開状態を確認する

「記事の編集・削除」画面では、これまでに保存した記事の公開状況を確認することができます。「全員に公開」となっている記事は誰でも閲覧でき、「アメンバー限定公開」は自分のアメンバーだけが閲覧できます（Sec.27参照）。

18 公開した記事の編集・削除をしよう

内容の追加や修正が必要になった記事は、すでに公開中であっても編集して記事を更新できます。また、不要になった記事は削除したり、非公開にしたりすることも可能です。

1 公開済みの記事を編集する

1 P.28手順1～2の方法で「ブログ管理」画面を表示し、

2 ＜記事の編集・削除＞をクリックします。

3 編集したい記事の＜編集＞をクリックします。

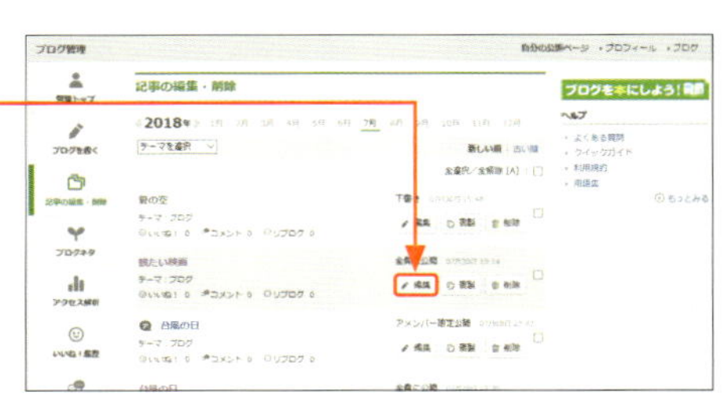

4 「ブログを書く」画面に切り替わったら、記事の内容を編集して、

5 いずれかの公開方法をクリックすると、編集内容が保存されます。引き続き公開する場合は＜全員に公開＞をクリックしましょう。

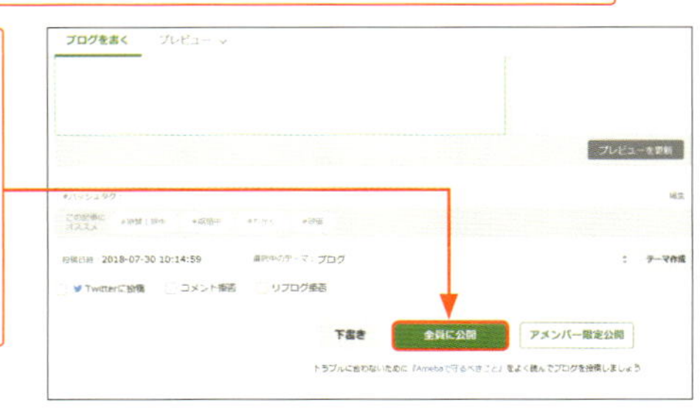

2 記事を削除する

1 P.28手順1～2の方法で「ブログ管理」画面を表示して、

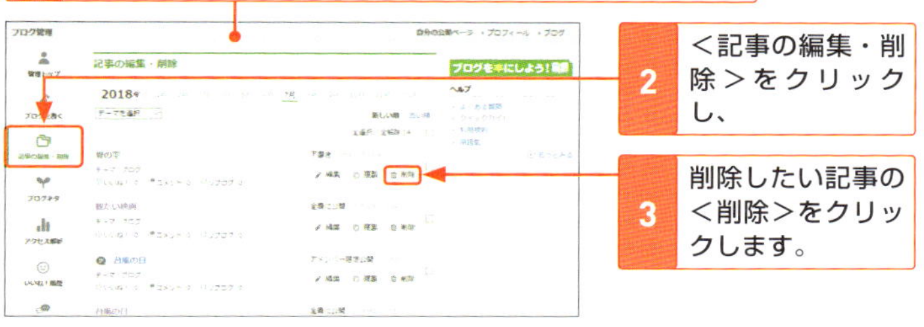

2 ＜記事の編集・削除＞をクリックし、

3 削除したい記事の＜削除＞をクリックします。

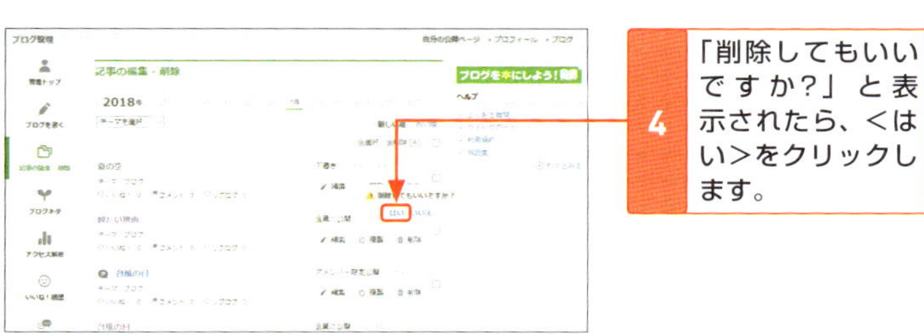

4 「削除してもいいですか？」と表示されたら、＜はい＞をクリックします。

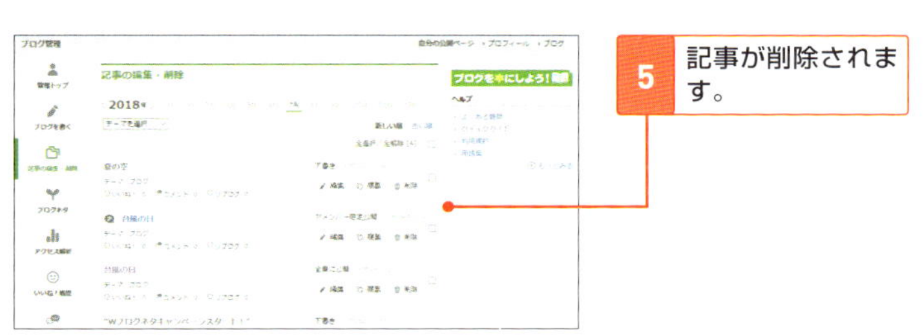

5 記事が削除されます。

複数の記事をまとめて削除する場合は、手順3の画面で、削除したい記事の右側にあるチェックボックスにチェックを付けてから＜選択した記事を削除する＞をクリックします。

記事を下書き保存する

一度削除した記事は復元できません。「公開はしないが記事は残しておきたい」、「再度公開する可能性がある」という場合は、記事を下書き保存（Sec.17参照）して非公開にするとよいでしょう。

Section 19

予約投稿をしよう

記事の公開日時は、現在はもちろん過去・未来と自由に設定できます。未来の日時を設定すると、投稿を予約したことになり、設定した日時になると記事が自動的に公開されます。

1 記事を予約投稿する

1 「ブログを書く」画面で記事の作成や編集を行い、

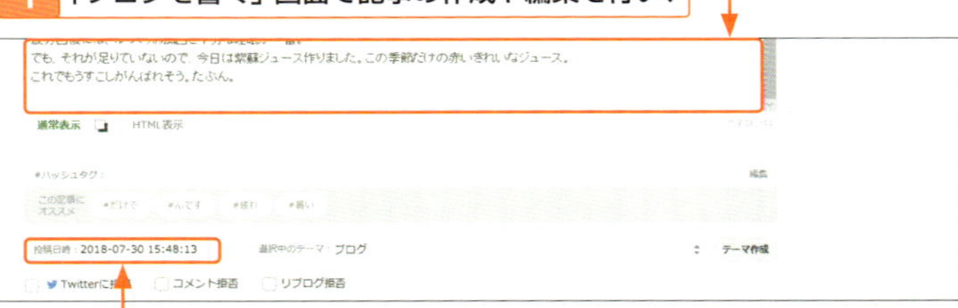

2 ＜投稿日時＞をクリックします。

3 カレンダーで公開する日付をクリックし、

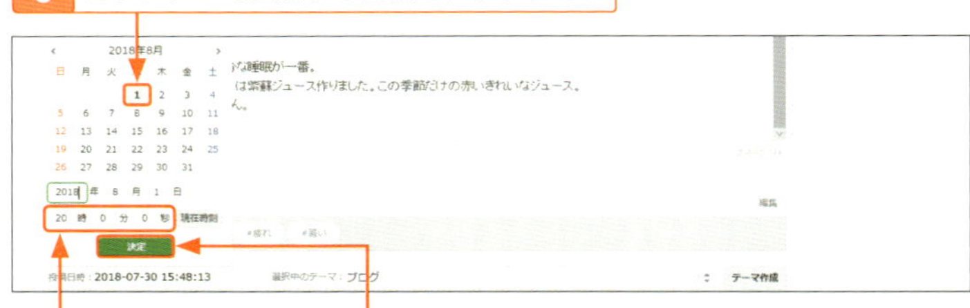

4 時間を指定して、

5 ＜決定＞をクリックします。

Memo 投稿日時設定後に下書き保存した場合

未来の公開日時を設定して下書き保存（Sec.17参照）した記事は、記事の作成日時が設定されるだけで、予約投稿はされません。

6 投稿日時が変更されたことを確認して、

7 ＜全員に公開＞をクリックします。

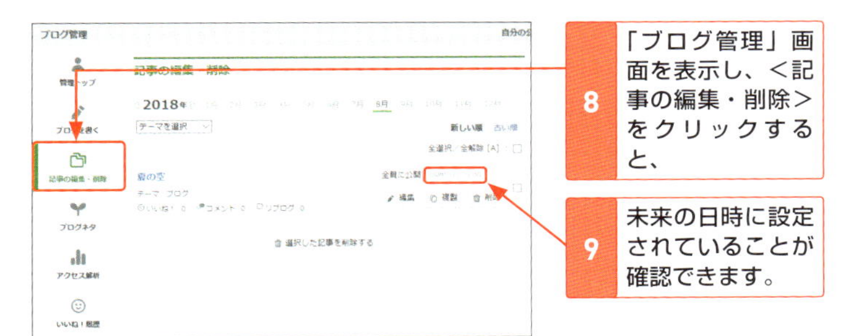

8 「ブログ管理」画面を表示し、＜記事の編集・削除＞をクリックすると、

9 未来の日時に設定されていることが確認できます。

Hint 予約投稿をキャンセルする

投稿を予約した記事を今すぐ公開したいという場合は、手順**9**の画面で＜編集＞をクリックして「ブログを書く」画面を表示します。次に、P.54手順**2**の方法でカレンダーを表示し、＜現在時刻＞をクリックしましょう。公開日時が今の日付と時刻に設定されます。

20 記事にテーマを設定しよう

投稿した記事数が増えてきたら、わかりやすく整理するために、記事をテーマごとに分類するとよいでしょう。すでに投稿された記事でも、テーマの追加や変更が可能です。

1 テーマを追加する

1 「ブログ管理」画面で＜設定・管理＞をクリックし、

2 ＜テーマ編集＞をクリックします。

3 テーマにしたいキーワードを入力し、

4 順番を入力して、

5 ＜保存＞をクリックします。

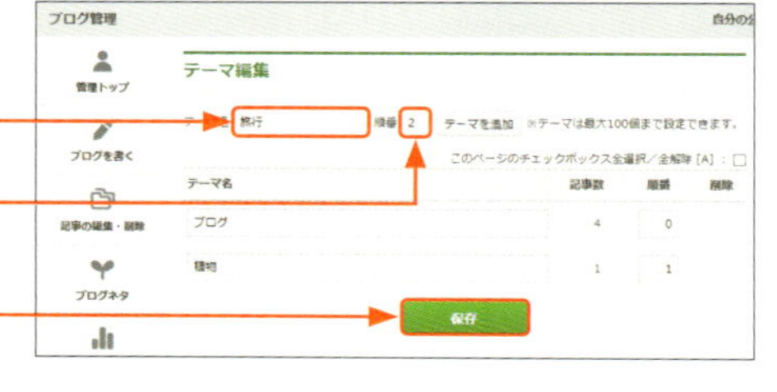

6 テーマが追加されました。

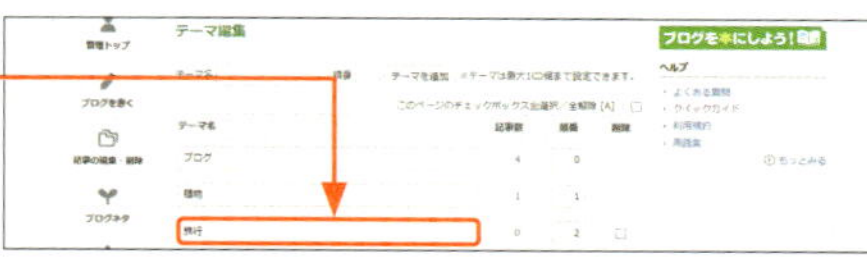

Memo テーマの順番

設定したテーマは、ブログを表示したときに、サイドバー（Sec.34参照）の「テーマ」という欄に表示されます。手順4で設定する順番とは、この「テーマ」欄に表示される順番のことで、上にあるテーマほど、読者が選びやすい傾向があります。

② テーマを削除する

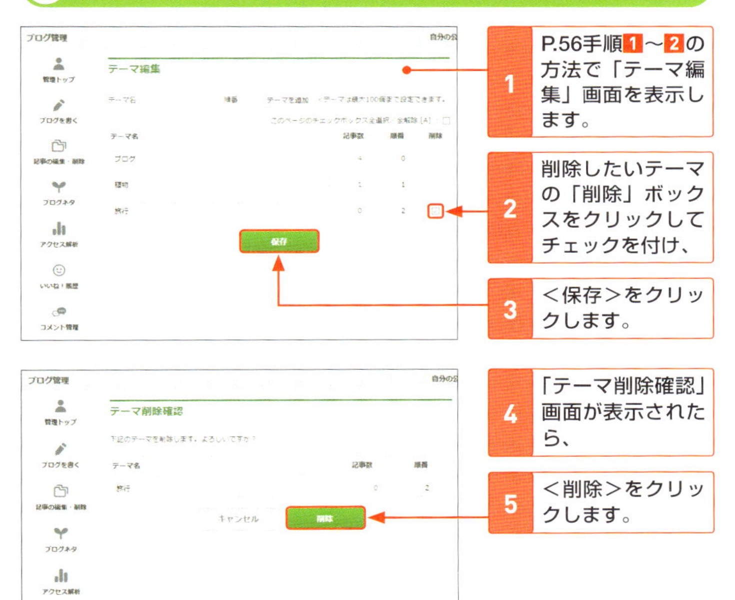

1. P.56手順**1**〜**2**の方法で「テーマ編集」画面を表示します。
2. 削除したいテーマの「削除」ボックスをクリックしてチェックを付け、
3. <保存>をクリックします。
4. 「テーマ削除確認」画面が表示されたら、
5. <削除>をクリックします。

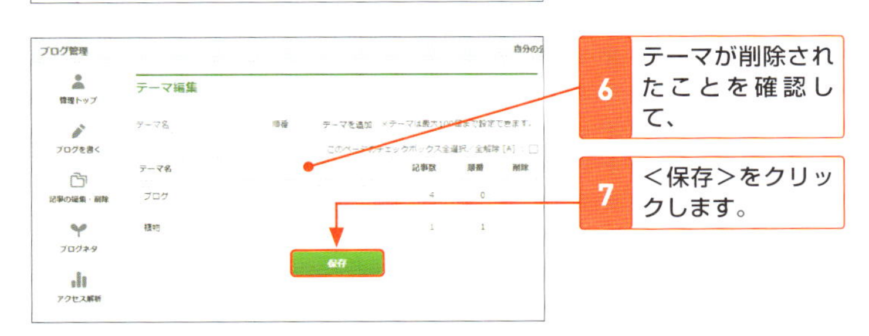

6. テーマが削除されたことを確認して、
7. <保存>をクリックします。

Hint 投稿済みのテーマを削除する

すでに記事が投稿されているテーマは、「テーマ編集」画面からの削除ができません。投稿済みの記事のテーマを削除したい場合は、P.52の方法で「記事の編集」画面を表示して、記事に新しいテーマを適用してから古いテーマを削除しましょう。

Memo 設定したテーマで記事を投稿する

P.56でテーマを設定したら、そのテーマで記事を投稿してみましょう。記事にテーマを設定するだけで、検索されやすくなったり、共通のテーマで記事を書いている人に読まれやすくなったりなど、さまざまなメリットがあります。

1 「ブログを書く」画面で記事の作成や編集を行い、

2 画面を下方向にスクロールします。

3 <選択中のテーマ>をクリックします。

4 設定したいテーマ（ここでは<植物>）をクリックして選択し、

5 <全員に公開>をクリックします。

6 設定したテーマで記事が公開されます。

第3章

ほかのユーザーと交流しよう

Section 21 ほかの人の記事に「いいね!」しよう

「いいね!」機能を使うと、ブログへの共感を手軽に伝えることができます。ほかの人が投稿した記事を見て気に入った場合は、積極的に「いいね!」をしてみましょう。

1 ほかの人の記事に「いいね！」を付ける

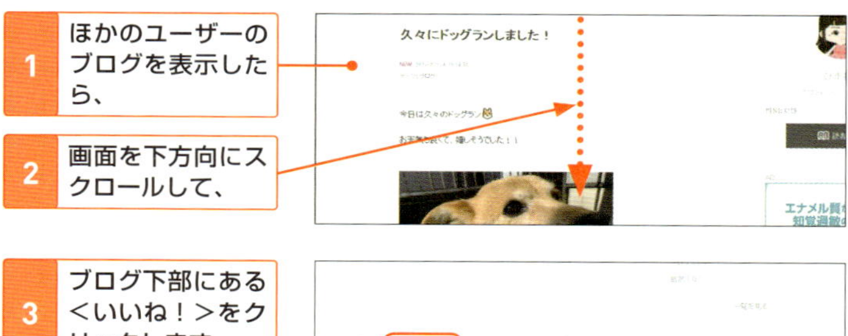

1 ほかのユーザーのブログを表示したら、

2 画面を下方向にスクロールして、

3 ブログ下部にある<いいね！>をクリックします。

4 ブログに「いいね！」をしたことが表示されます。

Memo 「いいね!」を取り消したい

間違えて「いいね！」をしてしまった場合は、取り消すことが可能です。手順4の画面で<いいね！しました>をクリックすると、「いいね！」を取り消すことができます。

② 自分のブログに付いた「いいね！」を確認する

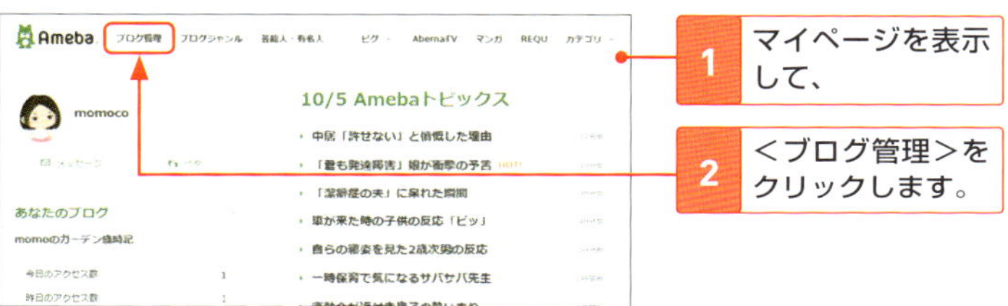

1 マイページを表示して、

2 ＜ブログ管理＞をクリックします。

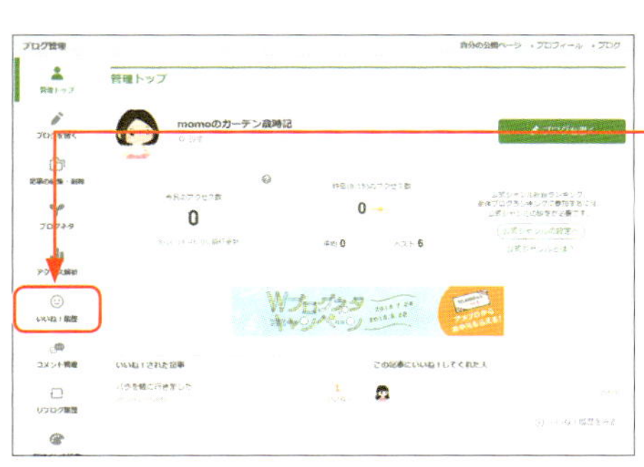

3 「ブログ管理」画面が表示されたら、＜いいね！履歴＞をクリックします。

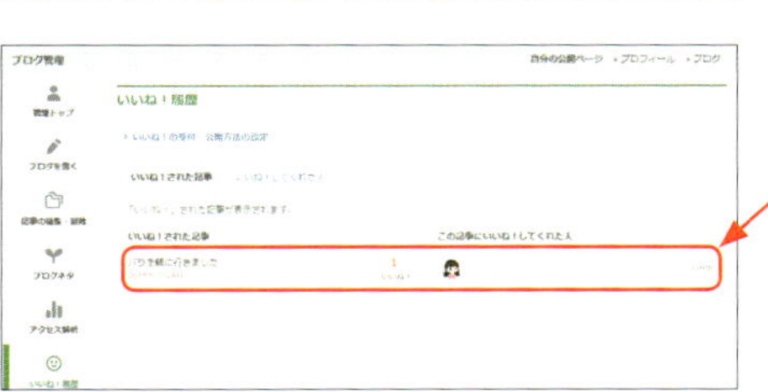

4 「いいね！」された記事と「いいね！」してくれた人を確認できます。

Memo ＜いいね!＞ボタンが表示されない

＜いいね! ＞ボタンが表示されていなくて、「いいね！」ができない場合は、投稿者が「いいね！」を受け付けない設定にしている可能性があります。また、アメンバーに限定公開で投稿された記事では「いいね！」を受け付ける設定にしていても、「いいね！」をすることができません。

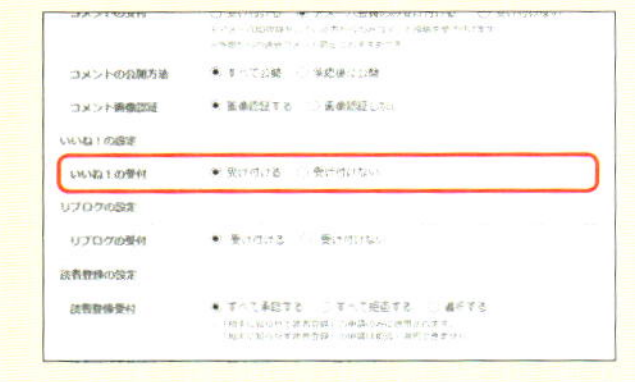

Section 22 人のブログにコメントを付けよう

アメブロでは、興味のある記事にコメントを付けることができます。コメントをすると返信がもらえたり、自分のブログも見てもらいやすくなるなど、コミュニケーションが広がります。

1 ほかのユーザーのブログにコメントを書き込む

1 ほかのユーザーのブログを表示したら、

2 記事の下部にある＜コメントする＞をクリックします。

3 「コメント投稿」画面が表示されます。

＜コメントする＞ボタンが表示されない

管理者が「コメントを受け付けない」設定（P.65参照）をしているブログには、＜コメントする＞ボタンが表示されず、コメントを投稿することができません。

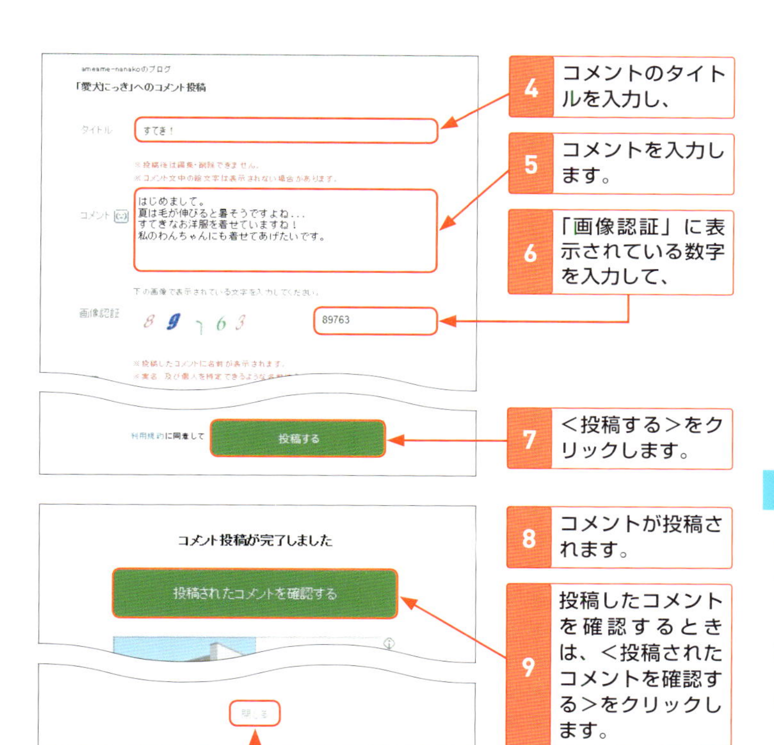

投稿したコメントを確認しない場合は、＜閉じる＞をクリックします。

Memo コメントは削除できない

投稿したコメントは、投稿者からは削除できません。コメントを投稿する際は、十分に確認しましょう。どうしても削除したい場合は、ブログの管理者にメッセージを送り（Sec.24参照）、管理者に削除を依頼しましょう。

Section 23

自分のブログに付いたコメントに返信しよう

自分のブログに付いたコメントには、返信をしましょう。アメーバ会員からコメントがあった場合、名前をクリックするとコメントしてくれた人のブログを見ることもできます。

1 書き込まれたコメントに返信する

1 自分のブログ下部の＜コメント一覧＞をクリックします。

2 コメント欄が表示されます。＜返信する＞をクリックします。

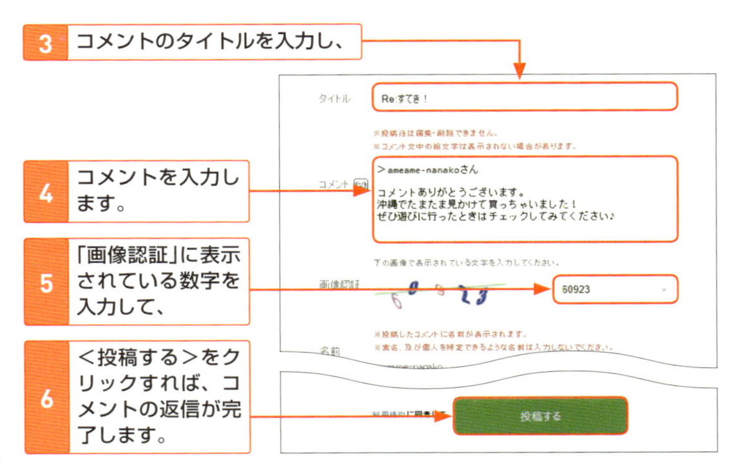

3 コメントのタイトルを入力し、

4 コメントを入力します。

5 「画像認証」に表示されている数字を入力して、

6 ＜投稿する＞をクリックすれば、コメントの返信が完了します。

2 コメントの設定を変更する

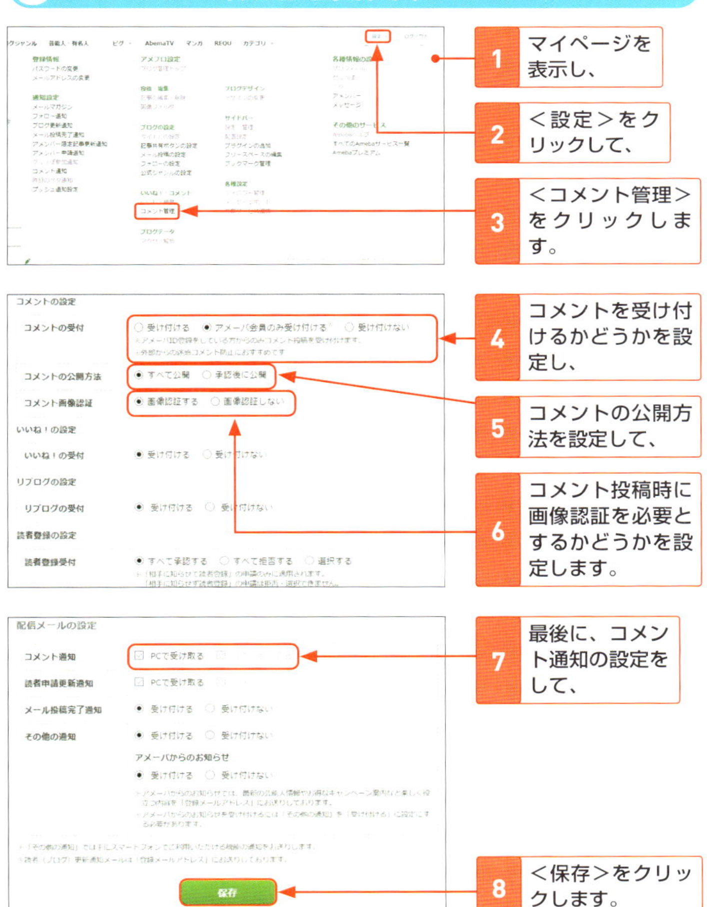

1 マイページを表示し、
2 <設定>をクリックして、
3 <コメント管理>をクリックします。
4 コメントを受け付けるかどうかを設定し、
5 コメントの公開方法を設定して、
6 コメント投稿時に画像認証を必要とするかどうかを設定します。
7 最後に、コメント通知の設定をして、
8 <保存>をクリックします。
コメントの設定
コメントの受付
コメントの公開方法
コメント画像認証
いいね！の設定
いいね！の受付
リブログの設定
リブログの受付
読者登録の設定
読者登録受付
配信メールの設定
コメント通知
読者申請更新通知
メール投稿完了通知
その他の通知
アメーバからのお知らせ
保存

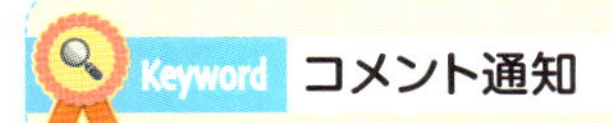

コメント通知

手順7で「コメント通知」の<PCで受け取る>にチェックが付いていると、コメントが投稿された際に、登録したメールアドレス（Sec.03参照）宛に通知メールが送信されます。

Section 24

メッセージを受信・送信しよう

アメーバの会員どうしであれば、メッセージのやり取りができます。メールのようにやり取りできるので、アメーバ会員への個人的な連絡には、メッセージを利用するとよいでしょう。

1 メッセージを確認する

1 マイページを表示して、

2 新しくメッセージが届くと表示される、＜メッセージが届いています＞をクリックします。

3 「受信箱」画面が表示されるので、

4 確認したいメッセージの件名をクリックします。

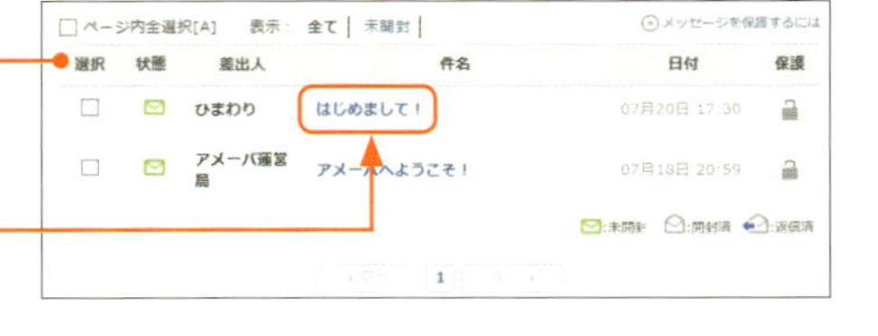

5 メッセージが表示されます。

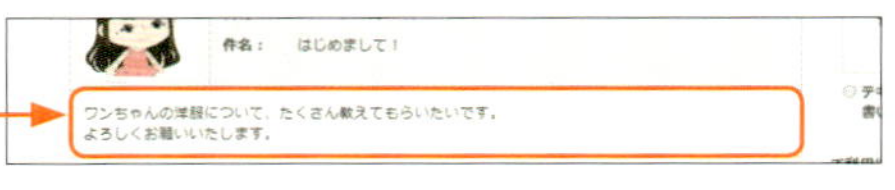

Memo メッセージの状態

「受信箱」では、各メッセージが現在どのような状態かがわかるようになっており、未読のメッセージには📩、既読のメッセージには✉が表示されます。不要なメッセージは、手順5の画面下部にある＜ごみ箱へ＞をクリックすれば削除でき、メッセージに返信するときは＜返信する＞をクリックします。

2 メッセージを送信する

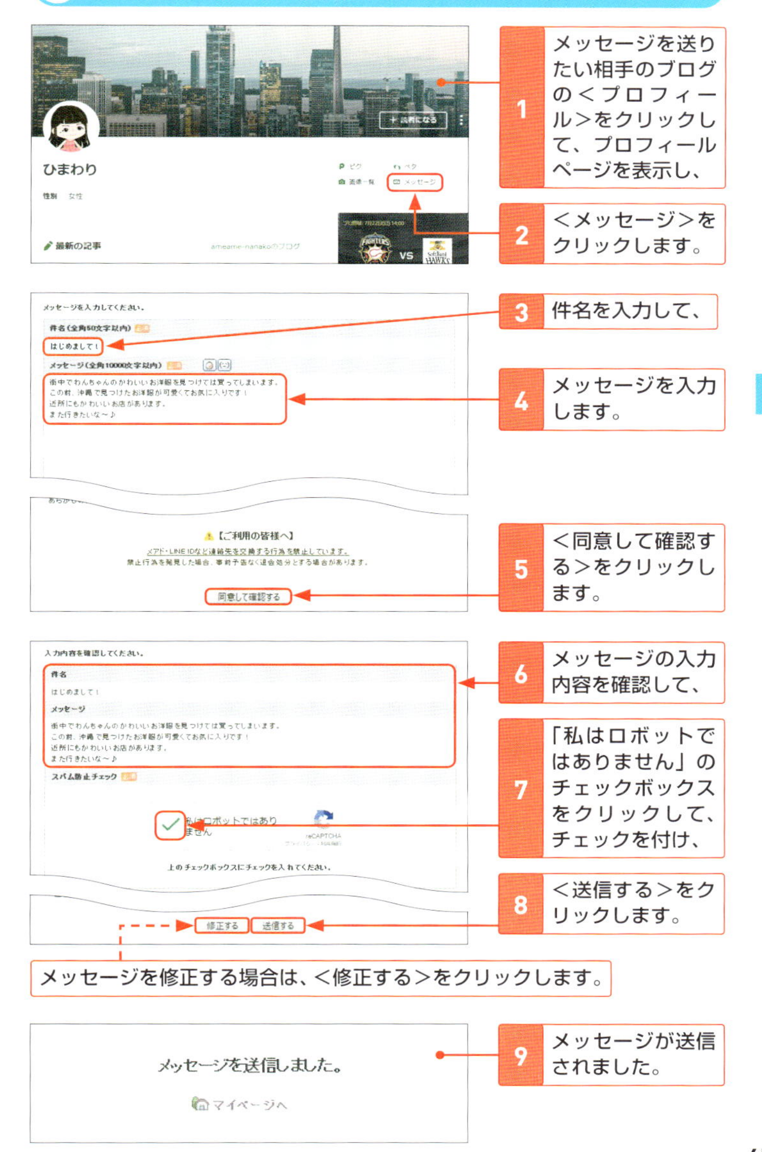

Section 25

気に入ったブログをフォローしよう

フォローすると、登録したブログの更新情報が、マイページの「チェックリスト」に表示されるようになります。フォローには「公開」と「非公開」の2つの方法があり、それぞれ最大で1000件まで可能です。

1 ブログをフォローする

1 フォローしたいブログを表示して、

2 プロフィール画面から＜+フォロー＞をクリックします。

3 ＜非公開でフォローする＞または＜公開でフォローする＞をクリックし、

4 必要に応じて、＜メールでの更新通知を受け取る＞をクリックしてチェックを付けて、

5 ＜フォロー＞をクリックします。

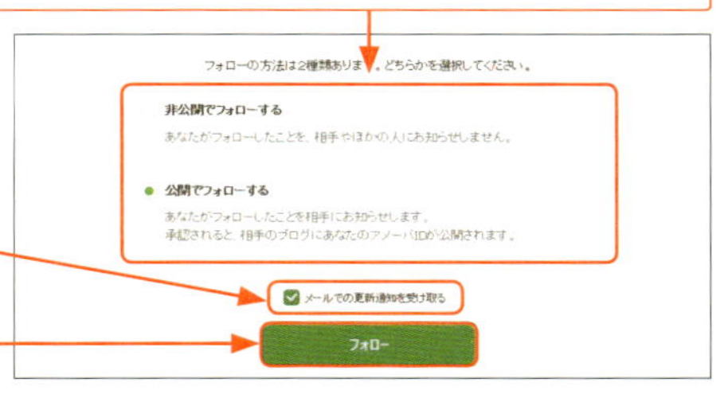

StepUp フォローの方法

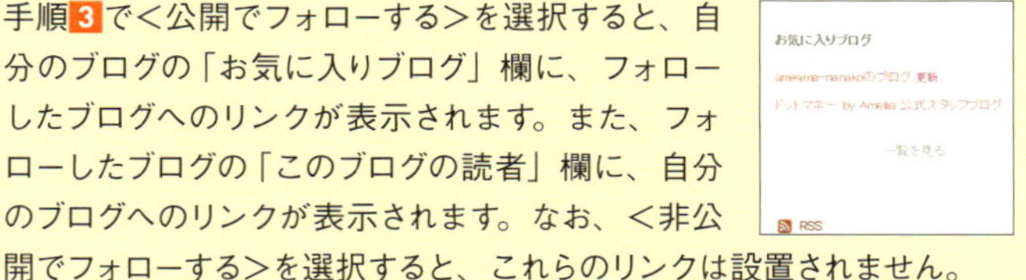

手順3で＜公開でフォローする＞を選択すると、自分のブログの「お気に入りブログ」欄に、フォローしたブログへのリンクが表示されます。また、フォローしたブログの「このブログの読者」欄に、自分のブログへのリンクが表示されます。なお、＜非公開でフォローする＞を選択すると、これらのリンクは設置されません。

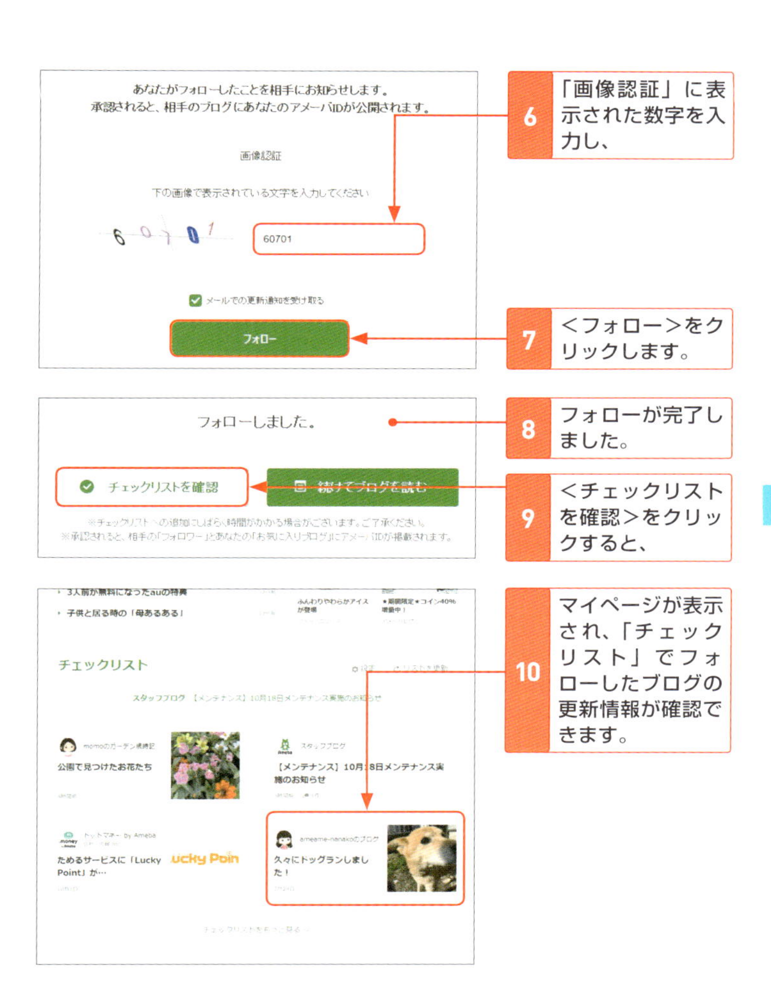

6. 「画像認証」に表示された数字を入力し、
7. <フォロー>をクリックします。
8. フォローが完了しました。
9. <チェックリストを確認>をクリックすると、
10. マイページが表示され、「チェックリスト」でフォローしたブログの更新情報が確認できます。

Memo フォローの承認が必要な場合

フォローしたいブログがフォローに承認が必要な設定になっている場合は、管理者の承認が必要です。管理者が「フォロー管理」画面であなたの申請に対して<承認>をクリックすると、フォローが完了します。なお、承認されなくても、ブログの更新情報は「チェックリスト」に表示されます。

Section 26

ほかのユーザーとアメンバーになろう

アメーバ会員どうしのブログ友だちを、「アメンバー」といいます。アメンバー申請をして承認されると、アメンバーのみに限定公開されたブログ、写真や動画などを共有できるようになります。

1 アメンバー申請を行う

1 アメンバーになりたい相手のプロフィールページを表示して、

2 <アメンバー申請>をクリックします。

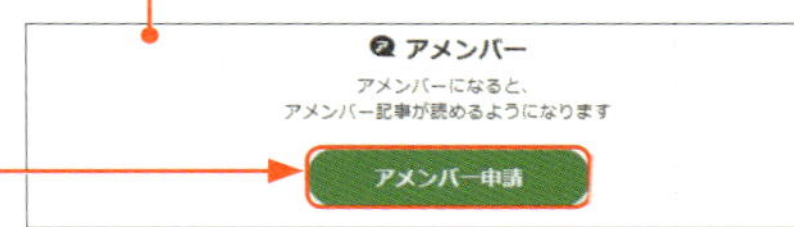

3 設定したい項目をクリックしてチェックを付け、

4 「私はロボットではありません」のチェックボックスをクリックしてチェックを付けます。

5 <アメンバー申請>をクリックします。

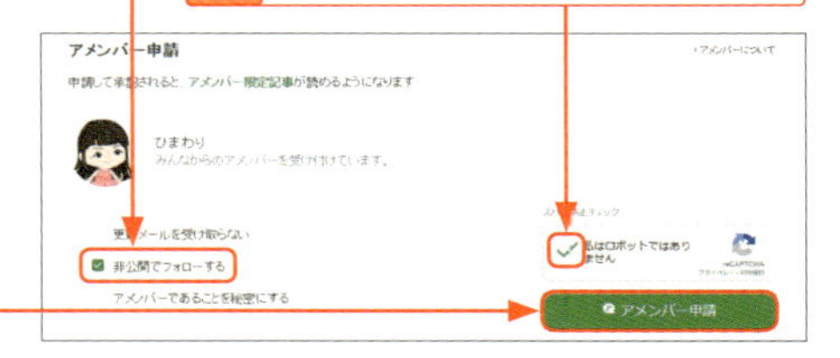

6 アメンバーの登録申請が完了しました。

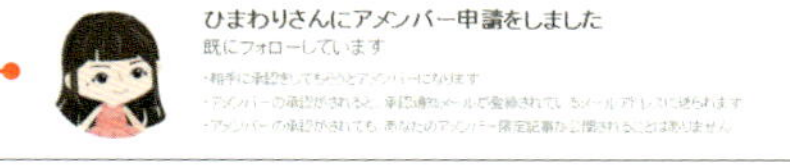

StepUp アメンバーであることを秘密にする

手順3の画面で<アメンバーであることを秘密にする>にチェックを付け、アメンバー申請をし、承認された場合、アメンバーとして登録はされますが、ほかの読者にはアメンバーであることが公開されません。

2 アメンバーの申請を確認する

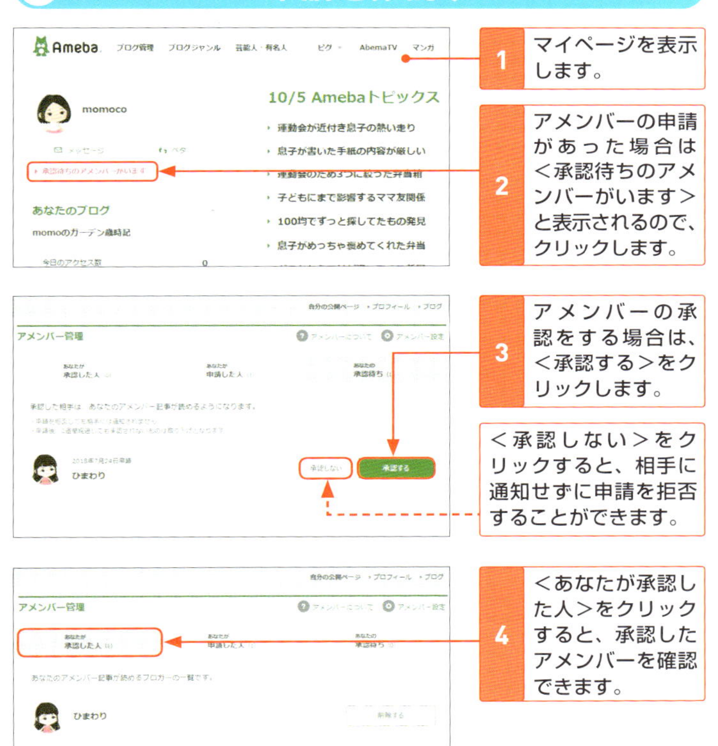

1 マイページを表示します。

2 アメンバーの申請があった場合は＜承認待ちのアメンバーがいます＞と表示されるので、クリックします。

3 アメンバーの承認をする場合は、＜承認する＞をクリックします。

＜承認しない＞をクリックすると、相手に通知せずに申請を拒否することができます。

4 ＜あなたが承認した人＞をクリックすると、承認したアメンバーを確認できます。

アメンバーを確認する

「ブログ管理」画面を開き、＜設定・管理＞→＜アメンバー管理＞をクリックすると、アメンバーの承認状態を確認することができます。また＜アメンバーであることを秘密にする＞にチェックを付けた状態でアメンバー申請された場合(P.70 StepUp参照)は、表示されません。

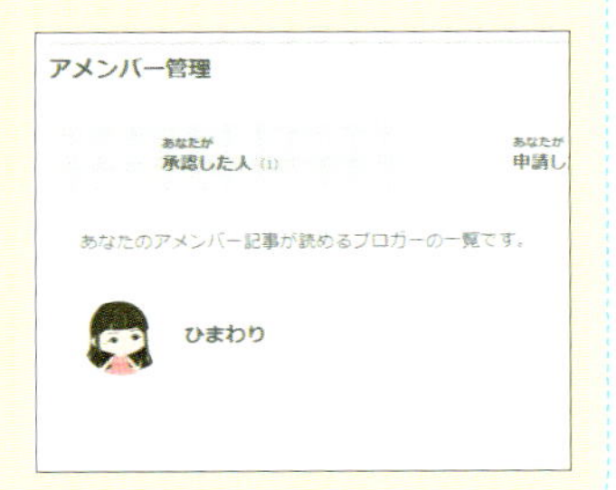

Section 27

アメンバー限定の記事を読んだり書いたりしよう

アメンバー限定で公開した記事は、アメンバーにならなければ読むことができません。仲間うちで楽しみたい内容の記事などは、「アメンバー限定公開」機能で投稿しましょう。

1 アメンバー限定の記事を読む

1 アメンバーになっているユーザーのブログを表示して、

2 記事欄にある の付いた記事をクリックします。

3 「アメンバー限定記事公開中」と書かれた記事が表示されます。

Memo アメンバーの承認状態に注意

アメンバーに限定公開で投稿された記事は、投稿者がアメンバーに承認した人しか閲覧できません。自分が投稿者を承認していても、投稿者にアメンバーとして承認されていなければ閲覧できないので注意しましょう。

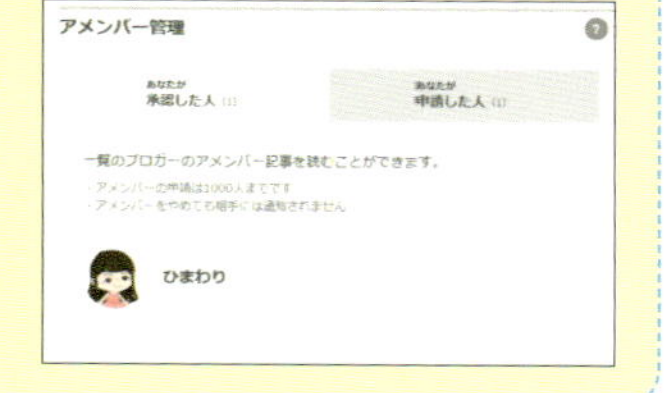

2 記事をアメンバーのみに公開する

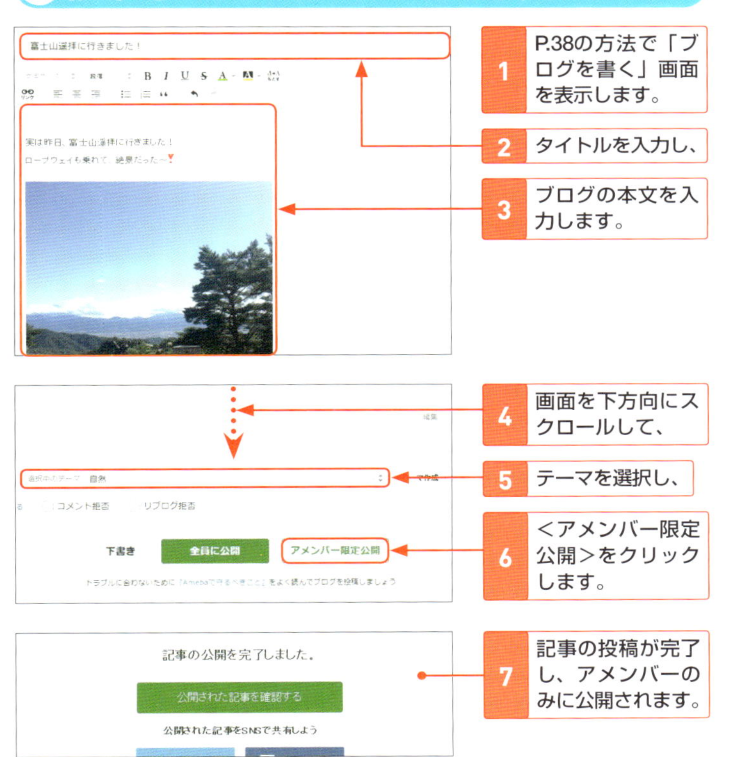

1 P.38の方法で「ブログを書く」画面を表示します。

2 タイトルを入力し、

3 ブログの本文を入力します。

4 画面を下方向にスクロールして、

5 テーマを選択し、

6 <アメンバー限定公開>をクリックします。

7 記事の投稿が完了し、アメンバーのみに公開されます。

アメンバー限定公開した記事を全員に公開する

アメンバーに限定公開で投稿した記事は、ほかの人が閲覧した際に、アメンバー限定の記事であることがわかるようになっています。なお、アメンバー限定から全員公開に変更する場合は、「ブログ管理」画面の<記事の編集・削除>から記事を開き、<全員に公開>をクリックします。

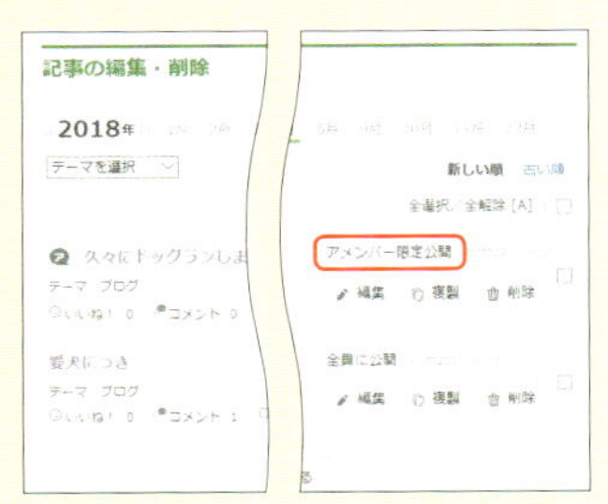

ほかの人のブログにペタを付けよう

「ペタ」は、プロフィールやブログを見たことを、管理者に知らせる機能です。気に入った投稿にペタを付けることで、相手が自分のブログを見るきっかけにもなります。

1 プロフィールにペタを付ける

1 ペタを付けたい相手のプロフィールページを表示して、＜ペタ＞をクリックします。

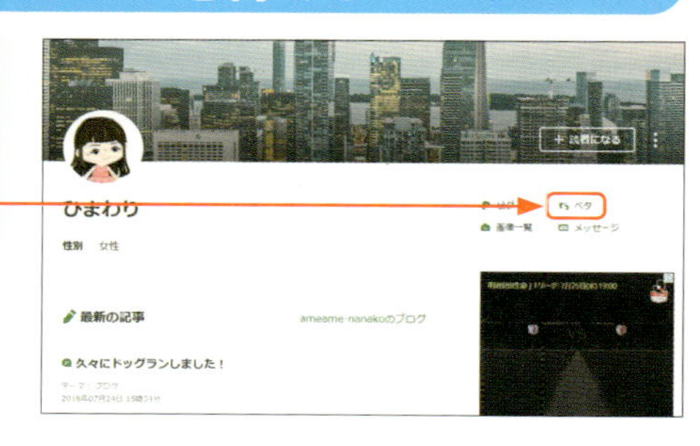

2 ＜今すぐペタる＞をクリックします。

Memo ペタを付けられるのは、1人につき1日1回まで

ペタを付けられるのは、1人に対して1日1回のみです。1つのブログやプロフィールにペタを付けてから24時間経過していない場合、手順2の画面には「明日もペタしてね」と表示されます。

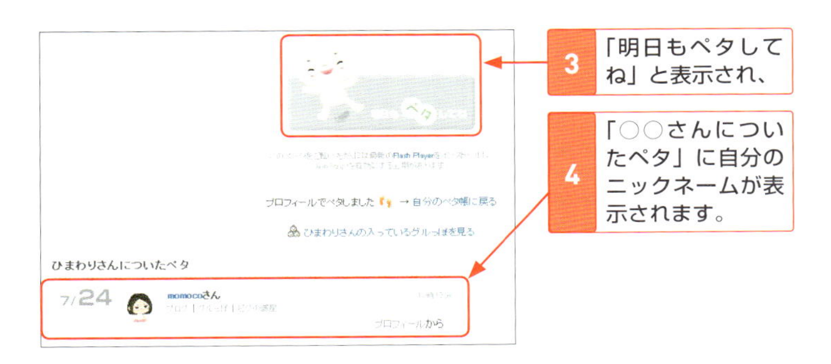

3 「明日もペタしてね」と表示され、

4 「○○さんについたペタ」に自分のニックネームが表示されます。

2 ブログ記事にペタを付ける

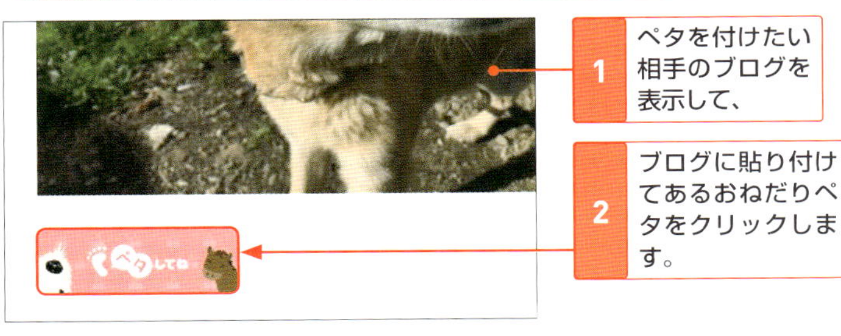

1 ペタを付けたい相手のブログを表示して、

2 ブログに貼り付けてあるおねだりペタをクリックします。

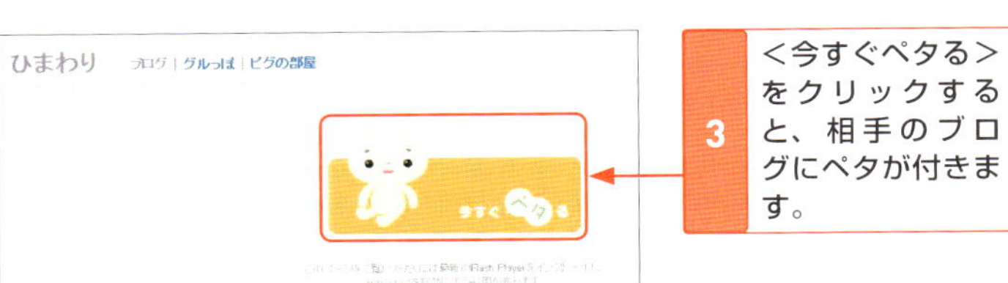

3 <今すぐペタる>をクリックすると、相手のブログにペタが付きます。

Hint おねだりペタをブログに貼る

おねだりペタをブログに貼り付けて投稿すると、ブログ記事にもペタが付けられるようになります。「ブログを書く」画面で、<おねだり>→<その他>をクリックすると、さまざまな種類のおねだりペタを選択できます。

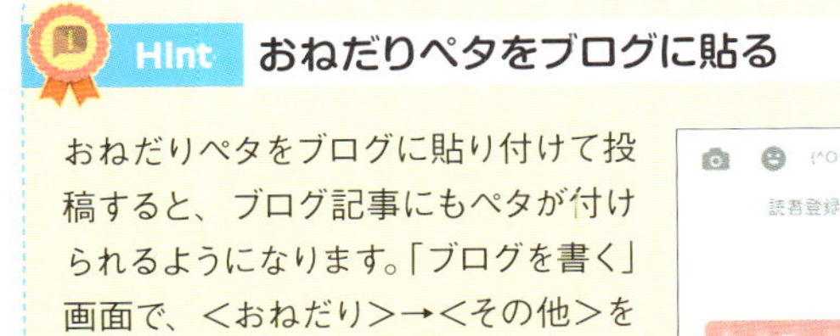

ブログに付いたペタを確認しよう

自分のブログやプロフィールに付いたペタの件数は、マイページに表示されます。ペタを付けてくれた読者の詳細は「ペタ」画面で確認できるので、ペタを付けてくれた人には「ペタ返し」もしてみましょう。

1 ペタを確認する

1. マイページを表示したら、
2. <ペタ>をクリックします。
3. 今日のペタ数と、ペタしてくれた読者の一覧が表示されます。

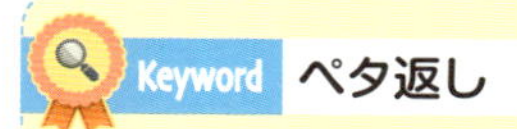

Keyword ペタ返し

ペタしてくれた読者の投稿に対してペタを付け返すことを、「ペタ返し」といいます。手順3の画面でペタしてくれた読者の一覧から、気になるユーザーの<ブログ>をクリックすると、そのユーザーのブログを閲覧できるので、確認して「ペタ返し」をしてみましょう。

2 ペタの設定を変更する

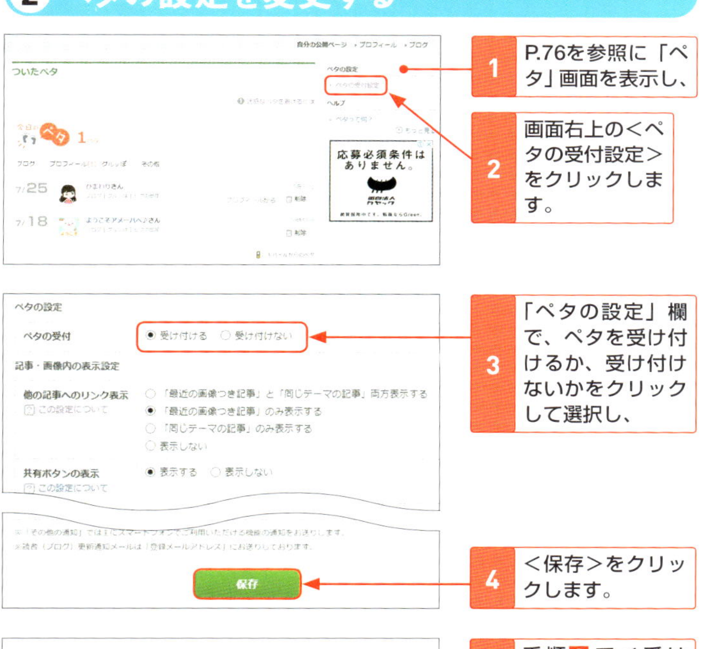

1 P.76を参照に「ペタ」画面を表示し、

2 画面右上の<ペタの受付設定>をクリックします。

3 「ペタの設定」欄で、ペタを受け付けるか、受け付けないかをクリックして選択し、

4 <保存>をクリックします。

5 手順3で<受け付けない>を選択すると、読者が<ペタをつける>をクリックしても、ペタが付けられなくなります。

Memo ペタを削除する

自分のブログやプロフィールに付けられたペタは、削除できます。P.76手順3の画面を表示して、削除したいペタの<削除>をクリックすると、ペタが削除されます。なお、自分がほかのユーザーに付けたペタは、削除できません。

アメーバピグって何?

「アメーバピグ」とは、Amebaが提供するサービスの1つで、自分にそっくりなアバター(ピグ)をつくり、そのピグを使ってチャットやゲームなどを楽しめる機能です。

1 アメーバピグとは

ピグは、自分自身のキャラクターです。ピグをプロフィール画像に設定したり、ブログに載せたりすることもできます。ピグを利用するには、マイページから「ピグの部屋」に移動します。

ピグで街へお出かけすれば、ほかのユーザーとコミュニケーションできます。ピグどうしの友だち(ピグとも)を作ったり、イベントやゲームを楽しんだりできます。

マイページから<ピグ>→<アメーバピグ>をクリックすると、「ピグの部屋」へ移動することができます。

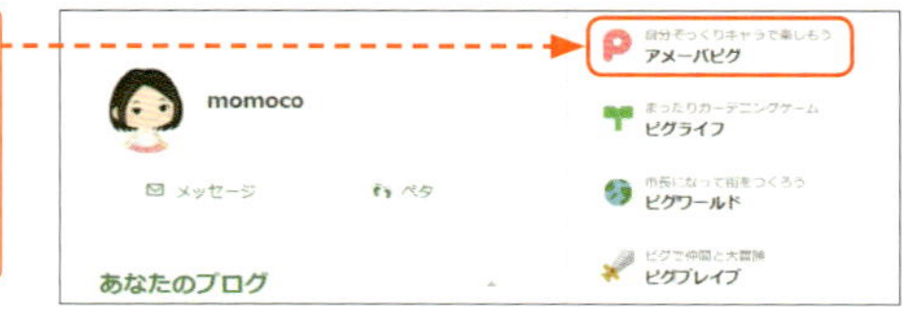

StepUp プロフィール画像をピグにする

アメーバIDを登録(Sec.03参照)したあとに表示されるガイダンス画面で<プロフィール画像をつくる>をクリックすると、ピグの作成画面に移動します。ガイダンスに従って画像を設定していくと、作成したピグがプロフィール画像として設定されます。

2 アメーバピグの主な機能

ピグの部屋	ピグには自分の部屋があり、家具のレイアウトや壁紙などのデザインを変更してアレンジできる。また、友だちのピグを部屋に招いてチャットすることもできる
おでかけ	ほかのユーザーが集まるいろいろな場所へ、自分のピグでおでかけできる。おでかけ先では、アイテムを購入したり、ゲームも楽しめる
チャット	おでかけ先で出会ったほかのユーザーと、チャットを楽しめる
グッピグ	ほかのユーザーのピグをほめる行為を、「グッピグ」という。グッピグすると相手に「アメ」がプレゼントされる
ピグとも	アメーバピグ内での友だちのことを、「ピグとも」という。ピグともになるには、相手に申請する必要がある

3 ピグの部屋の画面構成

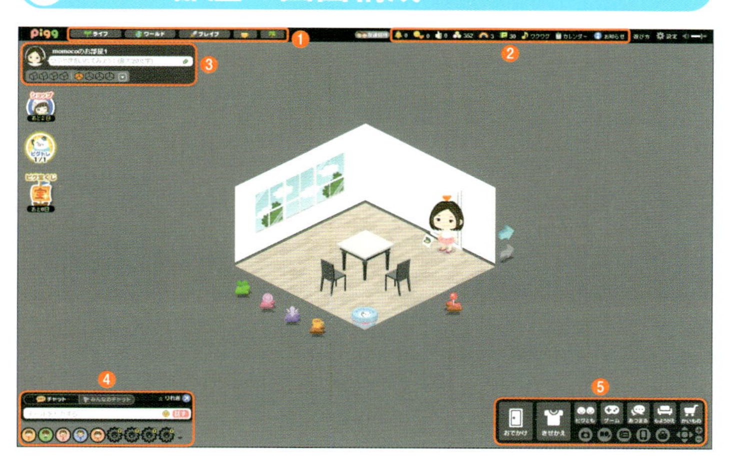

❶	庭園を造る「ピグライフ」など、各ゲーム画面に移動できる
❷	ほかのピグが部屋を訪問したことを知らせる「きたよ」や、「グッピグ」、「アメ」などの数が表示される
❸	ピグのつぶやきを入力できる
❹	チャットをしたり、ピグで感情を表現したりできる
❺	「おでかけ」や「ピグとも」、「もようがえ」など、各機能へ移動できる

Memo ほかのユーザーのピグと交流する

ピグは、さまざまな場所におでかけしてゲームや買い物をしたり、集まっているピグと会話をしたりすることができます。ピグを作成したら、いろいろなところにおでかけして、ほかのユーザーと交流してみましょう。

1 「マイページ」画面から＜ピグ＞→＜アメーバピグ＞をクリックし、「ピグの部屋」を表示したら、

2 ＜おでかけ＞をクリックします。

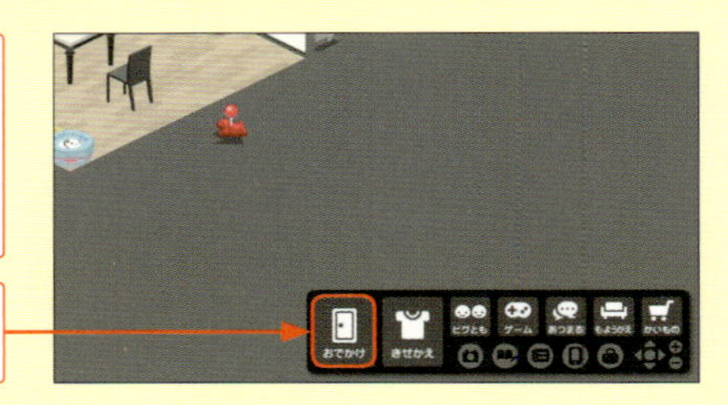

3 行き先のエリア（ここでは＜名所＞）をクリックします。

4 「名所」の一覧が表示されます。

5 おでかけしたい場所をクリックすると、

6 おでかけ先の部屋とその部屋にいるほかのピグの人数が表示されます。

7 入りたい部屋をクリックすると、

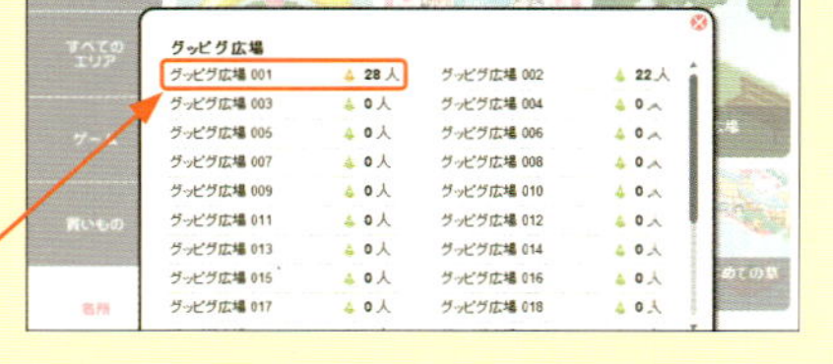

8 おでかけができます。

なお、おでかけ先のエリアには人数制限があります。

デザインを カスタマイズしよう

Section 31

パソコンとスマートフォンのデザインの違い

アメブロをスマートフォンで見てみると、自動的に最適化されていることがわかります。パソコンのデザインはパソコンから、スマートフォンのデザインはスマートフォンからそれぞれ設定します。

1 パソコン版のデザイン

パソコン版トップページ 3 つのスタイル

「デザインの変更」画面でデザインを選ぶ際（Sec.32 参照）、デザイン名の左側にアイコンが表示されています。これは、トップページの表示スタイルを表すもので、パソコン版のデザインには次の 3 つのスタイルがあります。なお、デザインとスタイルはセットなので、スタイルだけ変更することはできません。

	スタンダード：最新記事を表示する。初期設定では最新の 1 つの記事を表示しますが、表示件数は変更できる
	タイル：写真を大きく表示してタイル状に並べるスタイル。写真の下にタイトルとテーマが表示される
	リスト：記事のタイトル、テーマ、本文の概要と画像のサムネイルをリスト形式で表示するスタイル

パソコン版 5 つのレイアウト

パソコン版には、サイドバーの配置や表示数が異なる5つのレイアウトが用意されています。3 カラムにして、サイドバーを 2 つ設置すれば記事以外の情報を多く表示できる一方で、記事そのものの表示スペースは狭くなります。レイアウトは、デザインを選んだあとでも変更できるので、試しながら最適なデザインを構築しましょう。

	全体を 2 カラムに分け、左側にサイドバーを配置したレイアウト
	全体を 2 カラムに分け、右側にサイドバーを配置したレイアウト
	全体を 3 カラムに分け、両側に配置したサイドバーのうち右側が広めのレイアウト
	全体を 3 カラムに分け、両側に配置したサイドバーのうち左側が広めのレイアウト
	全体を 3 カラムに分け、サイドバーを右側に 2 列配置したレイアウト

2 スマートフォン版のデザイン

スマートフォン版のブログデザインは、Ameba アプリで設定します（第6章参照）。スマートフォン版もさまざまなデザインテンプレートが用意されてますが、トップページのスタイルは「リスト」一択です。ただし、リスト用の 3 つのレイアウトが用意されているので、自分のブログに合った表示を選べます。

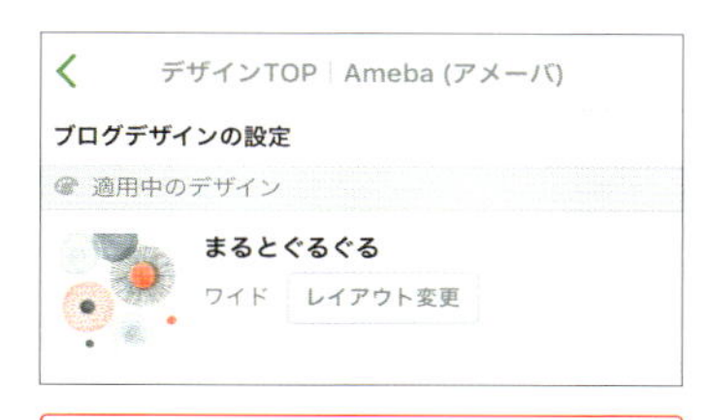

スマートフォン版のデザインは、Amebaアプリで設定します。パソコン版と同じようにテンプレートを選ぶだけでかんたんにイメージチェンジできます。

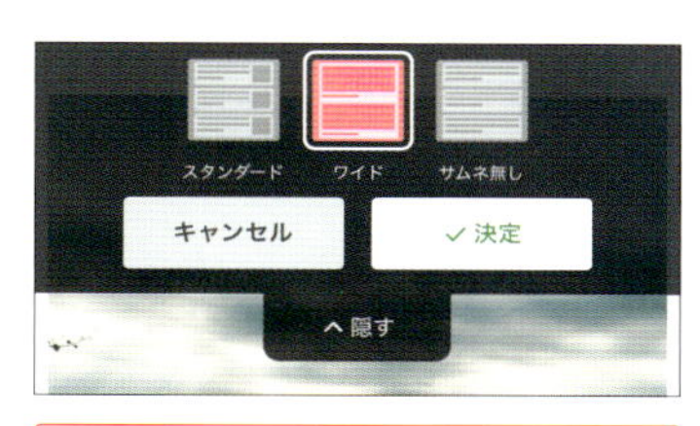

スマホ版のトップページのデザインは、リスト表示が基本ですが、レイアウトで個性を出すことができます。

3 スマートフォンでパソコン版のブログを見る

1 Amebaアプリでブログを表示し、⇧をタップして、

2 ＜Safariで開く＞をタップします。

3 Safariでブログページが開いたら、⇧をタップして、＜デスクトップ用サイトを表示＞をタップします。

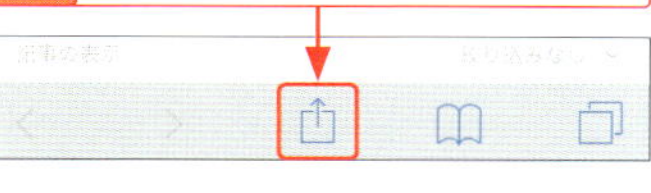

Androidスマートフォンの場合

Androidスマートフォンでパソコン版のブログを見るには、手順**1**の画面で◎をタップし、⋮→＜ブラウザで開く＞→＜1回のみ＞→⋮→＜PC版サイト＞をタップします。

32 デザインを変更しよう

アメブロには、シンプルなものからオリジナルのイラストまで数多く用意されています。また、カスタマイズが可能なデザインを選択すれば、自分で撮影した写真をヘッダー画像に使用することもできます。

1 デザインを選んで適用する

1 マイページを表示して、<ブログ管理>をクリックします。

2 <デザインの設定>をクリックします。

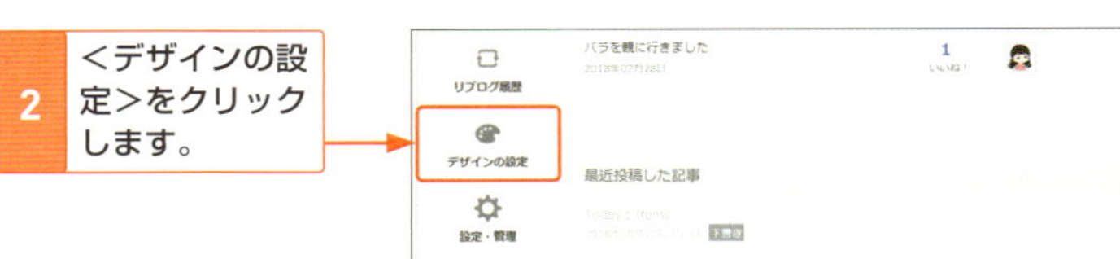

3 「デザインの変更」画面をスクロールして「カテゴリから探す」を表示し、

4 <カスタム可能>をクリックします。

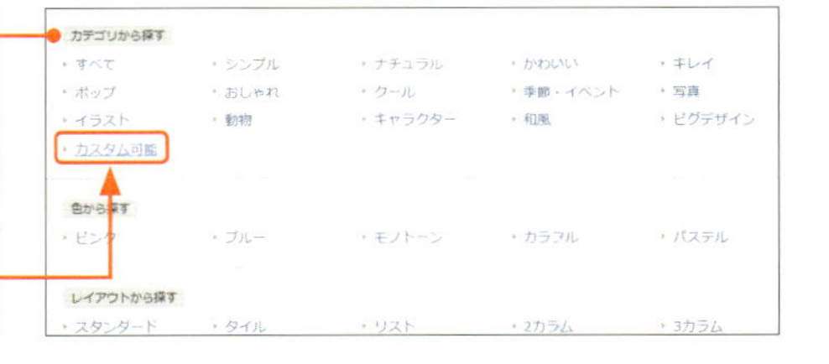

Memo 2つのカスタマイズ方法

「カスタム可能」デザインには、「簡単カスタマイズ用」と「CSS編集用」の2種類があります。ここでは「簡単カスタマイズ用」のデザインを使いたいので、名前が「CSS編集用デザイン」ではないものを選びます。なお、CSS編集用についてはP.100（Sec.37）で解説します。

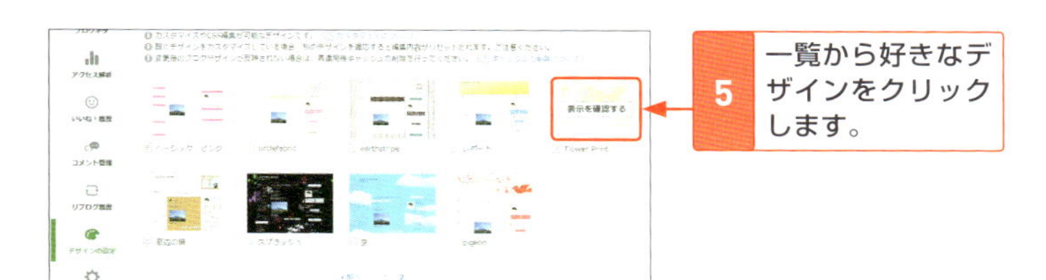

5 一覧から好きなデザインをクリックします。

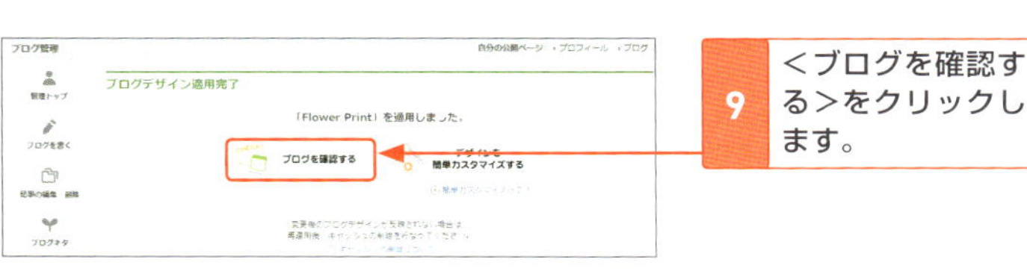

6 画面をスクロールしてデザインを適用したプレビューを確認し、

7 必要に応じてレイアウトを変更して、

8 ＜適用する＞をクリックします。

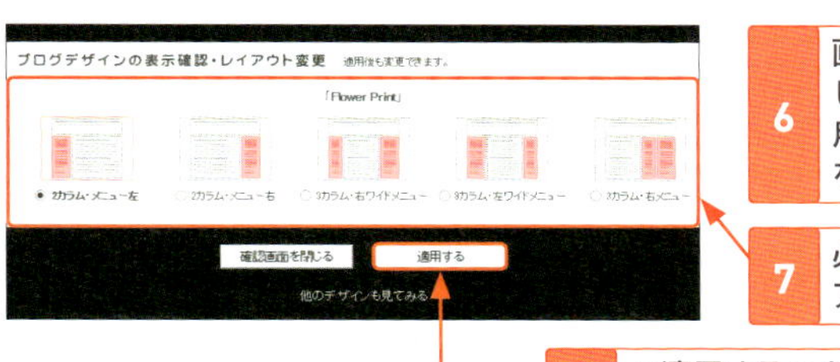

9 ＜ブログを確認する＞をクリックします。

10 手順**5**で選択したデザインが適用されたことがわかります。

Hint トップページに表示する記事数

トップページの3つのデザインの中から「スタンダード」タイプを選んだ場合、トップページに表示する記事数は1件に設定されています。表示件数を変更するには、＜ブログ管理＞→＜設定・管理＞→＜基本設定＞をクリックし、「ブログ記事の表示数」で件数を選択します。

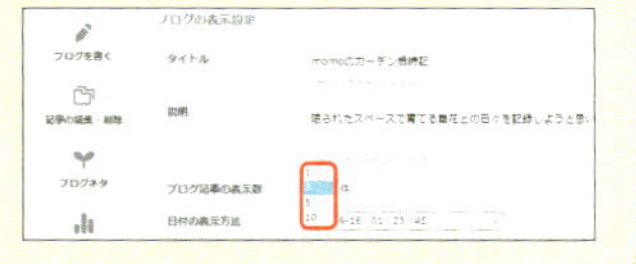

ヘッダーや背景をカスタマイズしよう

デザイン変更時にカスタマイズ可能なテンプレートを選ぶと、ヘッダーや背景の色、画像をカスタマイズできます。ここではヘッダー画像に自分で撮った写真を使ったり、背景の柄を変更したりします。

1 ヘッダー画像を変更する

ここでは、P.84（Sec.32）で適用したカスタマイズ可能なデザインを使用します。

1 P.84手順1～2の方法で「デザインの変更」画面を表示して、

2 ＜カスタマイズ＞をクリックします。

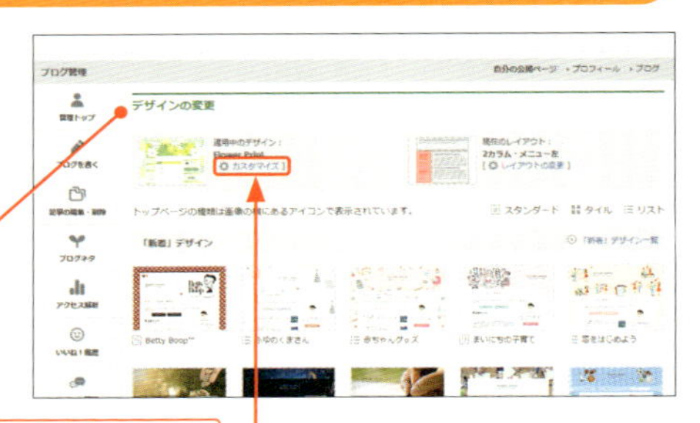

3 「デザインのカスタマイズ」画面で、「ヘッダー」の＜オリジナル画像を使う＞をクリックします。

4 ＜参照＞をクリックしてパソコン内の写真を選択したら、

5 ＜アップロード＞をクリックします。

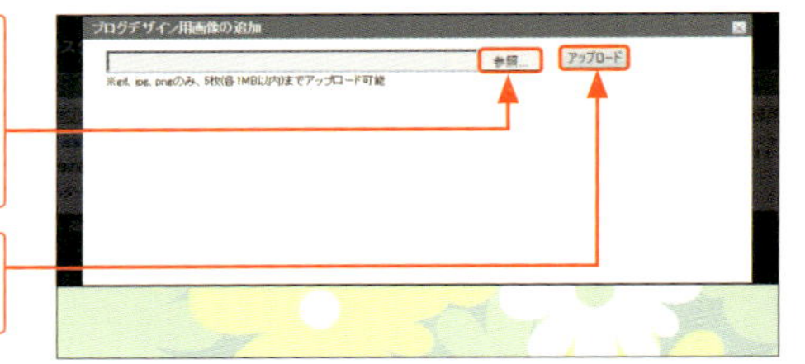

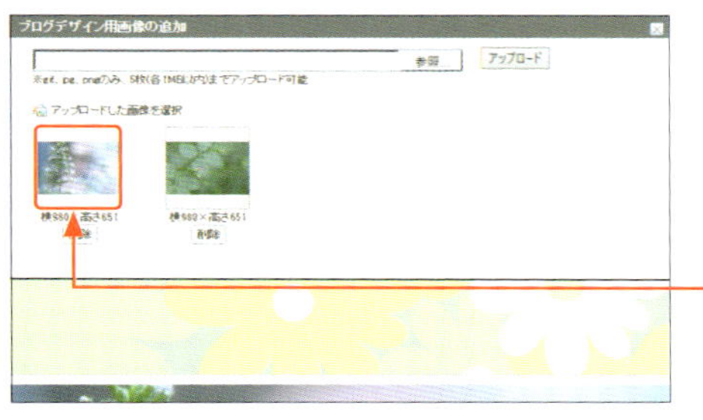

アップロードした写真は、ブログデザイン用画像としてサーバーに保存されます。

6 使いたい写真のサムネイルをクリックすると、

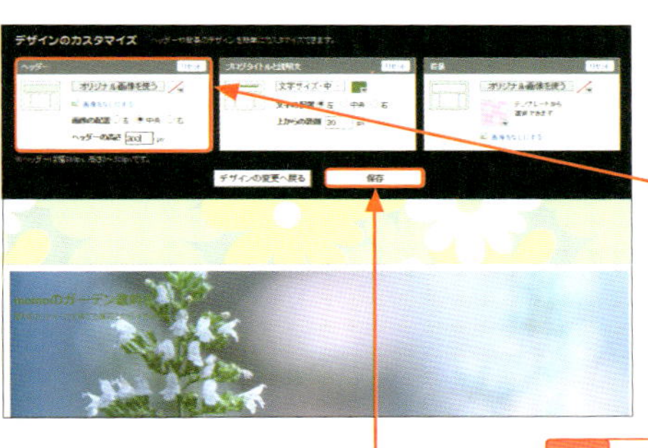

7 ヘッダー画像のプレビューに反映されます。

8 ☒をクリックしてウインドウを閉じたら、画像の配置やヘッダーの高さを設定して、

9 <保存>をクリックします。

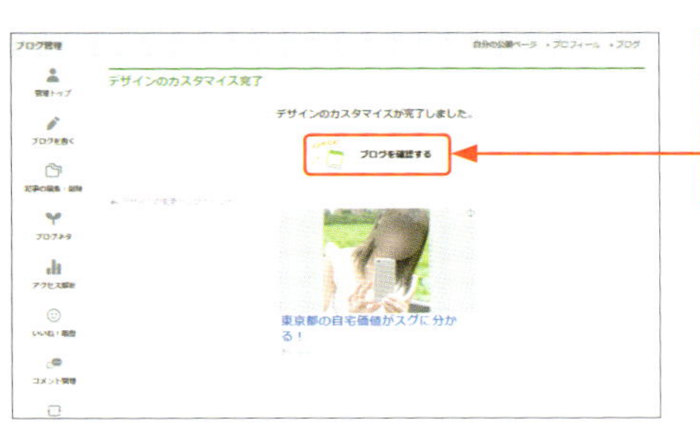

10 <ブログを確認する>をクリックしてブログを表示します。

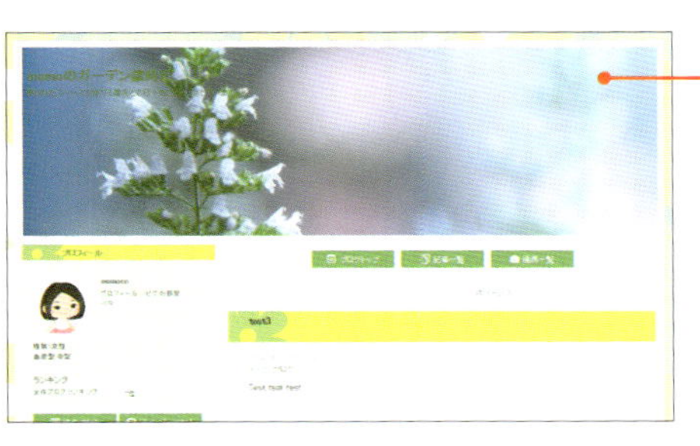

11 ヘッダーの画像が変更されています。

② タイトルと説明文の色と位置を変更する

ヘッダー画像を変更すると、タイトル部分の文字が読みにくくなってしまいます。そこで、ブログタイトルと説明文の色と配置をカスタマイズします。カスタマイズするには、P.86 手順1～2の方法で「デザインのカスタマイズ」画面を表示します。

1 「文字サイズ」の右側にある ▪ をクリックし、

2 任意の色をクリックして選択します。

3 「文字の配置」で任意の位置をクリックして選択し、

4 ＜上からの距離＞に任意の数値を入力して調整したら、

5 ＜保存＞をクリックします。

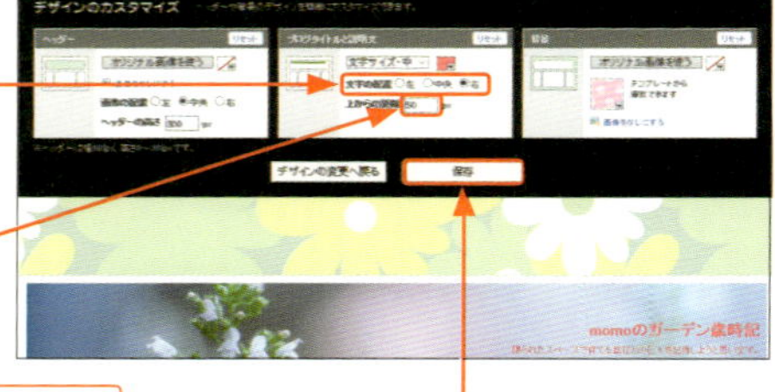

6 ＜ブログを確認する＞をクリックしてブログを表示します。

7 タイトルと説明文の変更が反映されました。

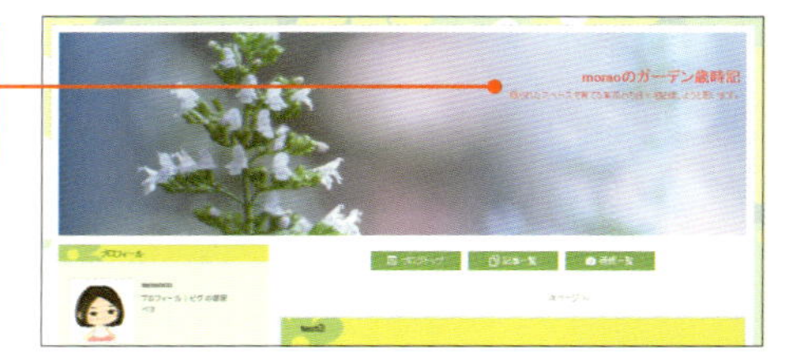

③ 背景を変更する

1 「デザインの変更」画面を表示して<カスタマイズ>をクリックします。

2 「背景」設定ウインドウで、をクリックし、

3 使用する背景画像をクリックして選択したら、

4 <保存>をクリックします。

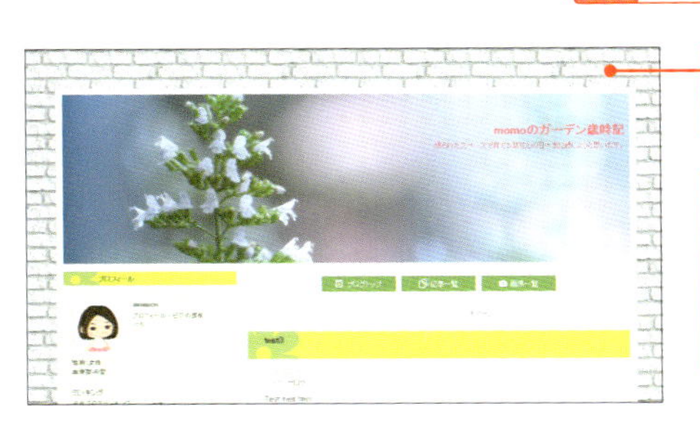

5 背景が変更されました。

オリジナル画像を背景にしたい場合は、手順2で<オリジナル画像を使う>をクリックします。

Memo 背景の色を設定する

背景を画像ではなく色で塗りつぶしたい場合は、手順2の画面で<画像をなしにする>をクリックし、背景画像を無効にします。続いて をクリックし、カラーパネルで塗りつぶす色をクリックして選択します。

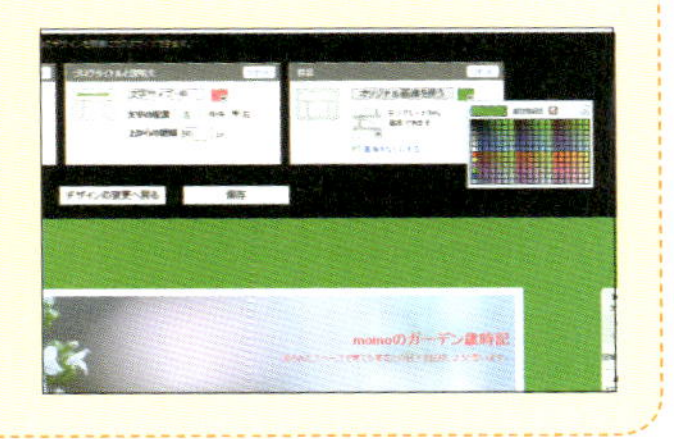

Section 34

サイドバーの設定をしよう

サイドバーは、ブログの右側または左側に配置される、情報を表示するためのスペースです。アメブロでは、サイドバーにコメントやカレンダー、プロフィールといった項目を表示できます。

1 サイドバーの設定でできること

サイドバーには、次のような項目を自由に設定できます。

設定・編集	サイドバーに表示する項目の内容および表示数を設定する
配置設定	サイドバー項目の配置、および項目の表示／非表示を設定する
プラグインの追加	サイドバーに追加するブログパーツを設定する
フリースペースの編集	サイドバーのフリースペースに表示する文章を設定する
ブックマークの管理	サイドバーに表示するお気に入りのWebサイトを設定する

2 サイドバーの基本設定を変更する

1 P.30手順1〜2の方法で「設定・管理」画面を表示して、「サイドバーの設定」にある＜設定・編集＞をクリックします。

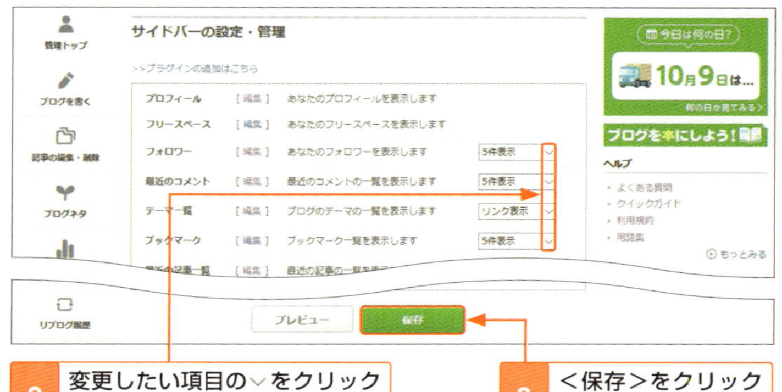

2 変更したい項目の∨をクリックして設定したら、

3 ＜保存＞をクリックします。

3 フリースペースの編集を行う

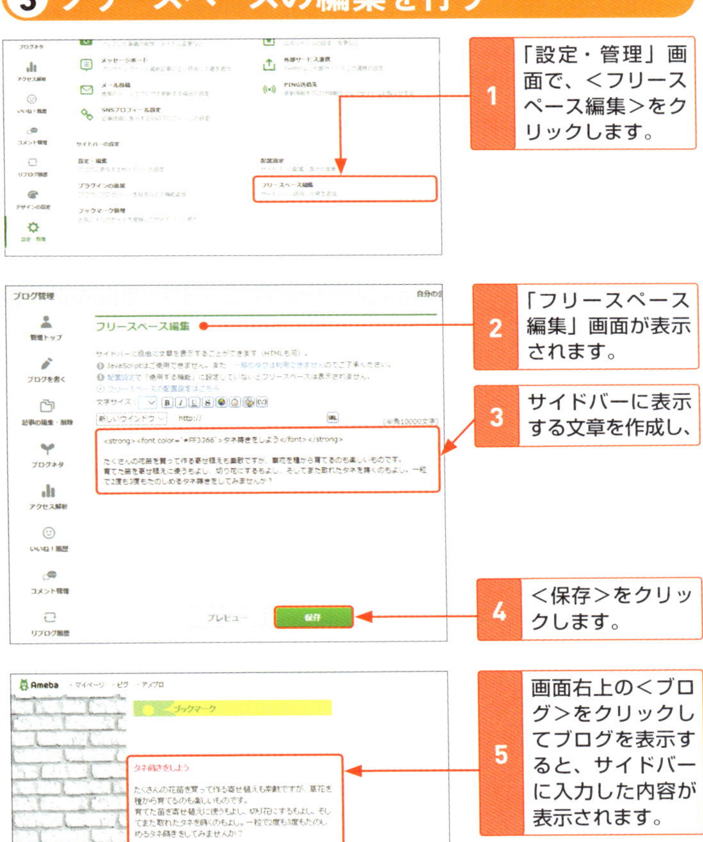

1 「設定・管理」画面で、<フリースペース編集>をクリックします。

2 「フリースペース編集」画面が表示されます。

3 サイドバーに表示する文章を作成し、

4 <保存>をクリックします。

5 画面右上の<ブログ>をクリックしてブログを表示すると、サイドバーに入力した内容が表示されます。

Memo フリースペースの表示位置を変更する

フリースペースをどこに表示するかは、「配置設定」画面（P.92参照）から変更できます。なお、フリースペースが「使用しない機能」として設定されている場合は、表示されません。

④ サイドバー内の項目の配置を変更する

サイドバーに表示する項目は配置を変更できます。左右の入れ替えや上下の順序を変更するなど、見やすい配置になるように変更してみましょう。

1 「設定・管理」画面で＜配置設定＞をクリックします。

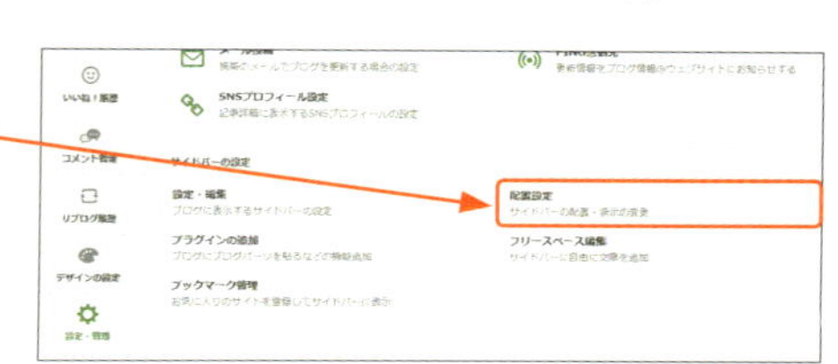

2 サイドバーに表示する項目をドラッグ＆ドロップで移動します。

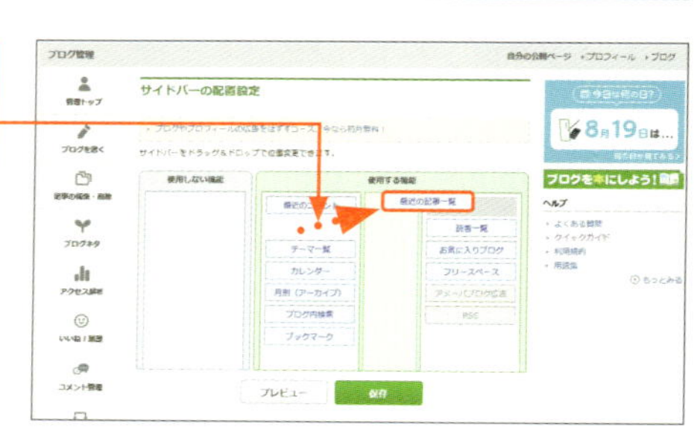

3 配置が決定したら＜保存＞をクリックします。

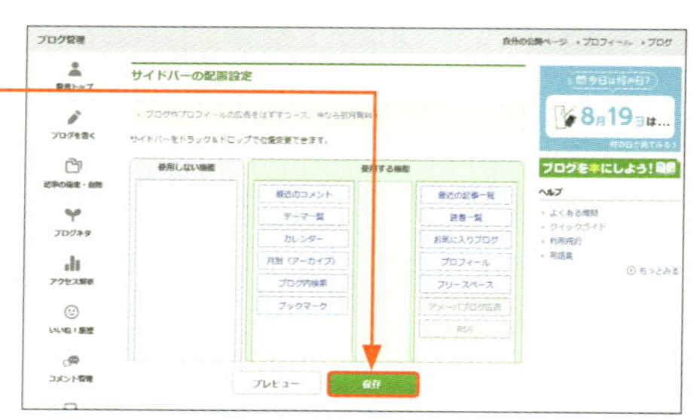

StepUp サイドバーの数や配置を変更する

サイドバーの数や配置は変更することが可能です。変更するには「ブログ管理」画面で＜デザインの変更＞をクリックし、「デザインの変更」画面で＜レイアウトの変更＞をクリックします。

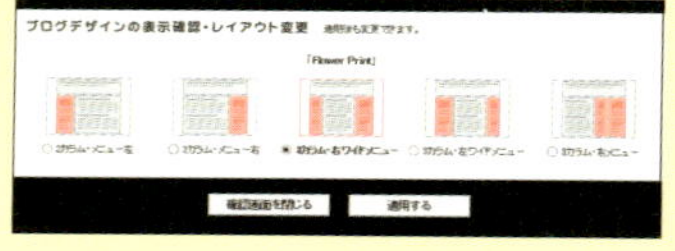

5 サイドバーの項目の表示／非表示を切り替える

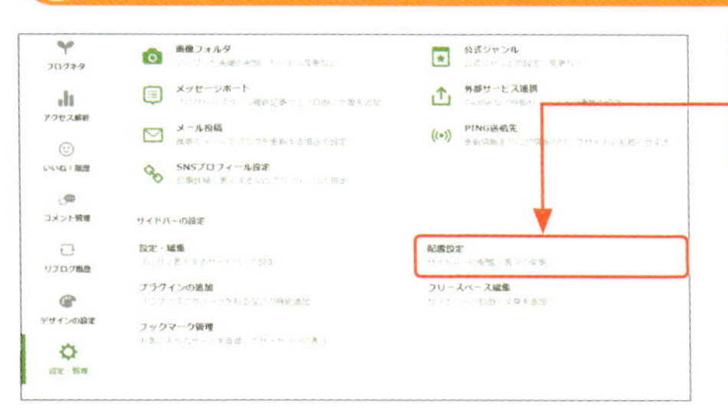

1 「設定・管理」画面で<配置設定>をクリックします。

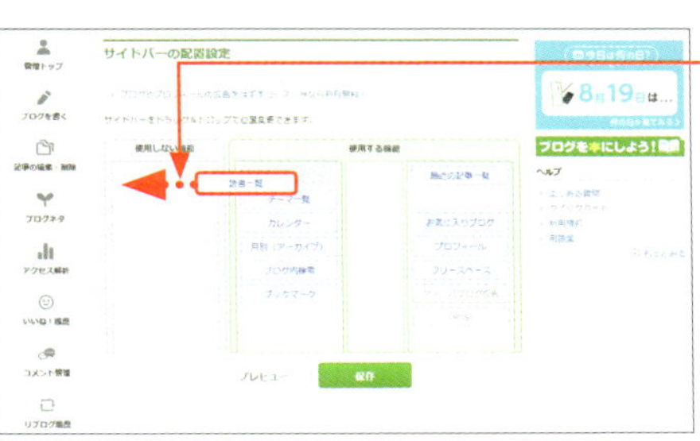

2 表示しない項目は、「使用しない機能」にドラッグして移動します。

「使用しない機能」内にある項目は、「使用する機能」に戻すと、サイドバーに表示できます。

3 非表示にする項目が決定したら、<保存>をクリックします。

Memo プレビューを表示する

設定を変更する際に、どのような状態で表示されるか確認するには、手順3で<プレビュー>をクリックします。トップページのプレビュー画面が表示されるので、サイドバーの内容を確認しましょう。

Section 35

メッセージボードを設置しよう

「メッセージボード」は、ブログタイトルと最新記事の間にメッセージを表示する機能です。常にトップに表示されるため、ブログの説明やイベントの告知など、お知らせの用途に活用できます。

1 メッセージボードを追加する

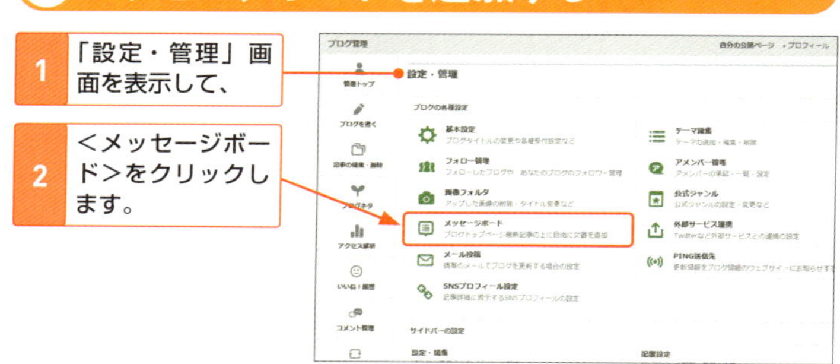

1 「設定・管理」画面を表示して、
2 ＜メッセージボード＞をクリックします。
設定・管理
メッセージボード

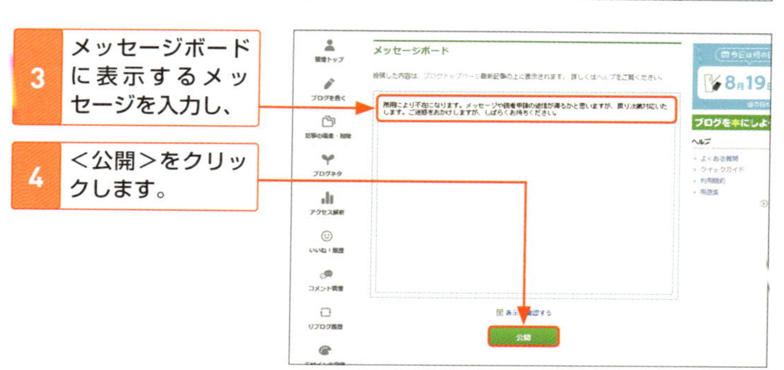

Memo メッセージボードに書く内容

メッセージボードには、お知らせのほかブログの特徴や注意事項、読者登録の方法など、読者に伝えたいメッセージを記載するとよいでしょう。

5 メッセージボードが公開されました。

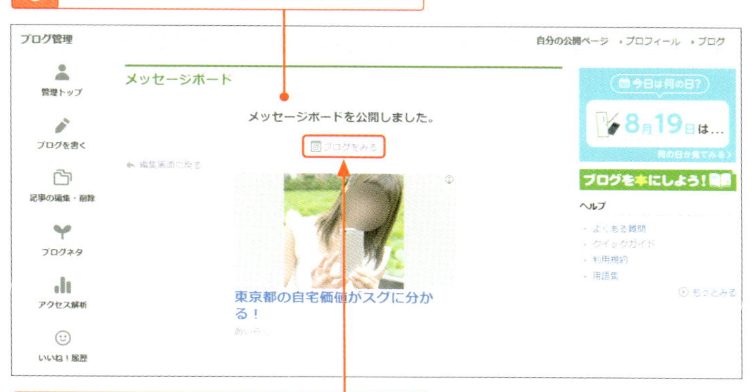

6 <ブログを見る>をクリックします。

7 ブログが表示されたら、メッセージボードの表示を確認します。

Hint メッセージボードの編集

メッセージボードは、ブログ記事よりも先に目に触れる文章です。読者に伝えるメッセージは、定期的に編集すると、関心を持ってもらいやすくなるでしょう。季節のあいさつやイベントの告知など、有効に活用しましょう。なお、ブログのエディタによっては、テキストの装飾や画像の挿入ができません。エディタについては、第8章（Sec.71）で解説しています。

SNSのパーツをブログに配置しよう

Twitterでは、外部のWebサイトにツイートを表示するブログパーツ「ウィジェット」を配布しています。ここでは、自分のツイートをウィジェットとしてブログに貼り付ける方法を紹介します。

1 Twitterのウィジェットを作成する

1. ブラウザーでTwitterのトップページ（https://twitter.com/）にアクセスして、ログインします。

2. 画面右上のプロフィールアイコンをクリックして、

3. ＜設定とプライバシー＞をクリックします。

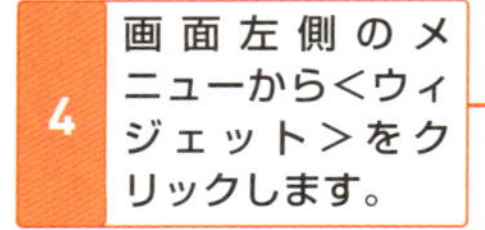

4. 画面左側のメニューから＜ウィジェット＞をクリックします。

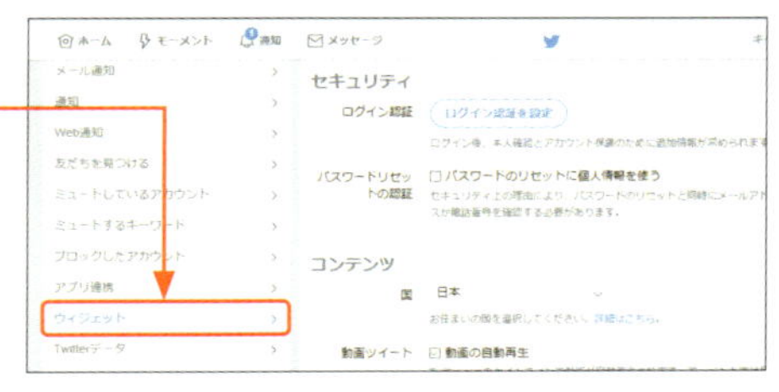

5. ＜新規作成＞をクリックして、

6. ＜publish.twitter.com＞をクリックします。

http://publish.twitter.com/ に移動します。新しいウィジェットはここで作成します。

7 埋め込みたいURL(ここではプロフィールページのアドレス https://twitter.com/ユーザー名) を入力し、

8 → をクリックします。

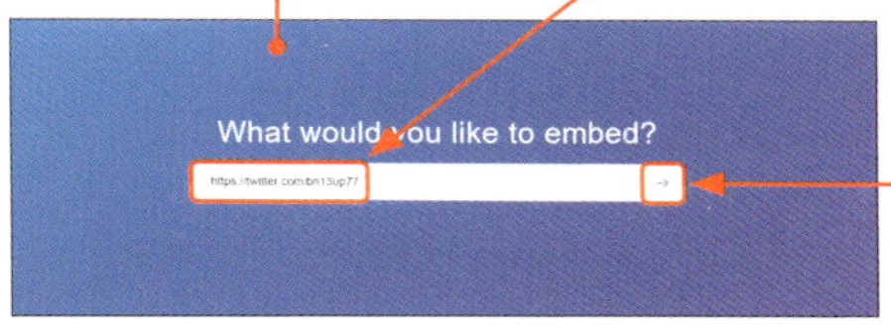

9 手順**7**で入力したプロフィールページのURLから生成可能なウィジェットが表示されます。

10 ツイートを表示したいので、左側の <Embedded Timeline >をクリックすると、

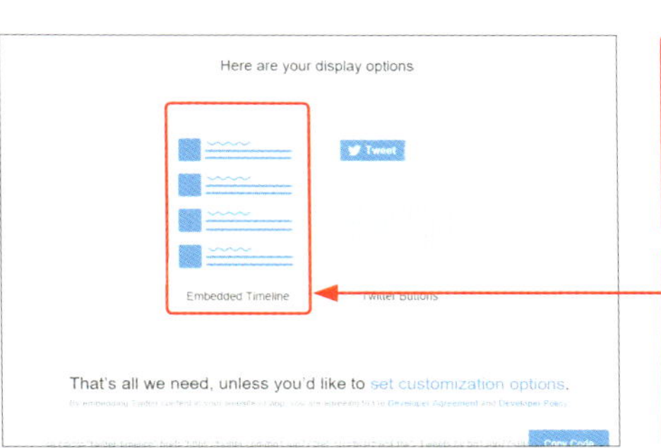

11 画面下部に自分のツイートがプレビュー表示されるので、

12 内容に問題がなければ <copy code >をクリックして埋め込むスクリプトをコピーします。

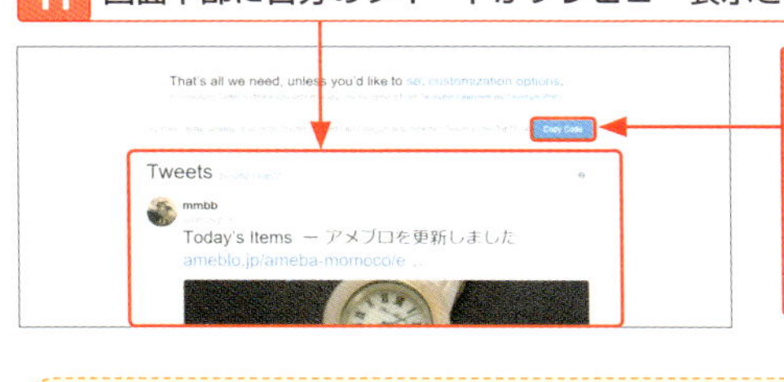

Memo ウィジェットのサイズ

プレビューは大きく表示されますが、埋め込み先のサイドバーの横幅に合わせて自動で伸縮するので問題ありません。それでも、厳密に縦や横のサイズを設定したい場合は、手順**11**の画面で<set customization options >をクリックし、次の画面でサイズを指定します。なお、オプション画面では、色や使用言語などの設定も可能です。

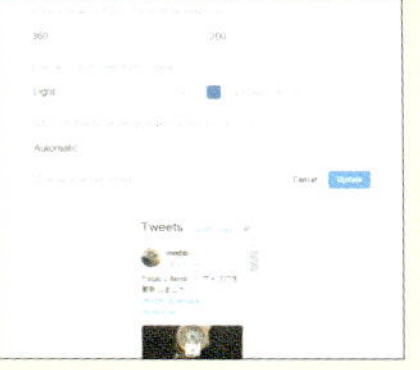

② Twitterのウィジェットを設置する

1 「設定・管理」画面を表示して、

2 ＜プラグインの追加＞をクリックします。

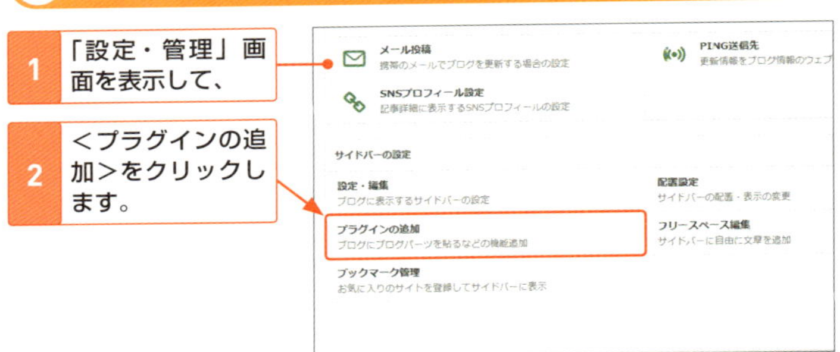

3 ＜フリープラグイン＞をクリックして、

4 入力欄を右クリックし、

5 ＜貼り付け＞をクリックします。

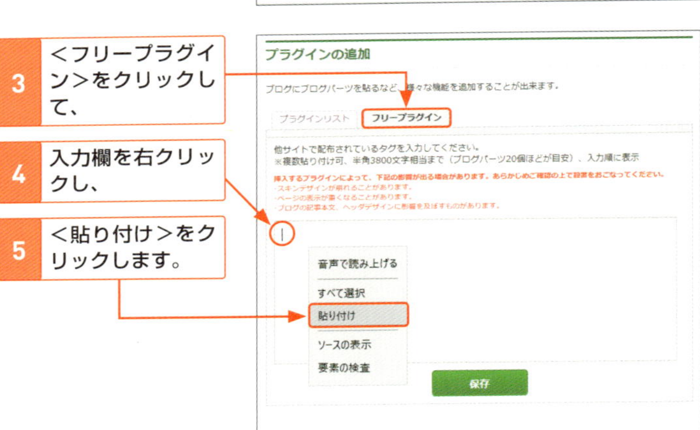

6 P.97手順 12 でコピーしたタグが、入力欄に貼り付けられます。

7 ＜保存＞をクリックします。

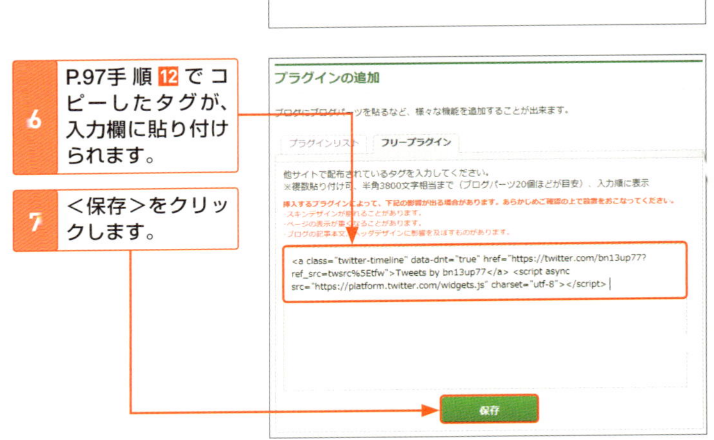

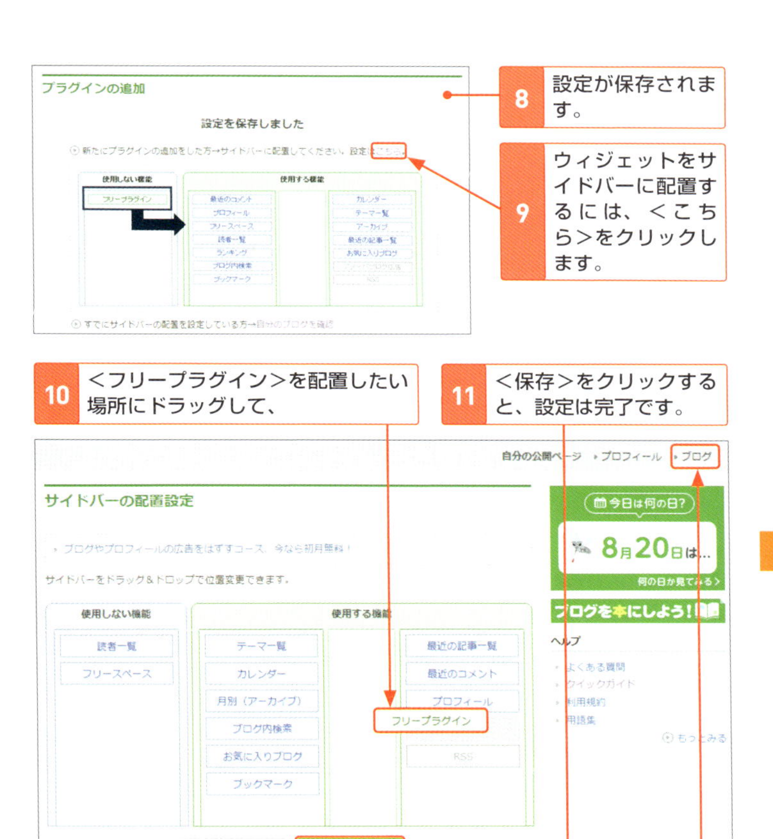

8 設定が保存されます。

9 ウィジェットをサイドバーに配置するには、＜こちら＞をクリックします。

10 ＜フリープラグイン＞を配置したい場所にドラッグして、

11 ＜保存＞をクリックすると、設定は完了です。

12 ＜ブログ＞をクリックして、サイドバーを確認します。

13 ブログにTwitterのウィジェットが配置されました。

37 CSSを編集して本格的にカスタマイズしよう

CSSは「Cascading Style Sheets」の略で、Webページのスタイルを定義する言語です。アメブロでは、「CSS編集用デザイン」テンプレートを使用することで、詳細にデザインを指定できます。

1 CSS編集用デザインを適用する

1 P.84手順1〜2の方法で「デザインの変更」画面を表示し、

2 画面をスクロールして「カテゴリから探す」から<カスタム可能>をクリックします。

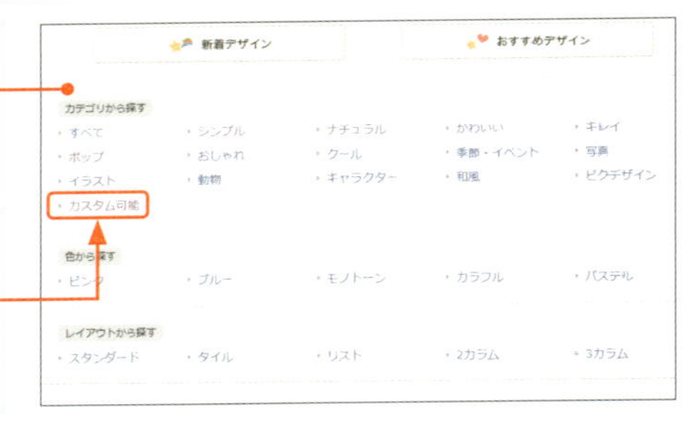

3 「カスタム可能」のテンプレートが一覧表示されるので、

4 名前が「CSS編集用デザイン」のテンプレートのいずれか1つを選択します。

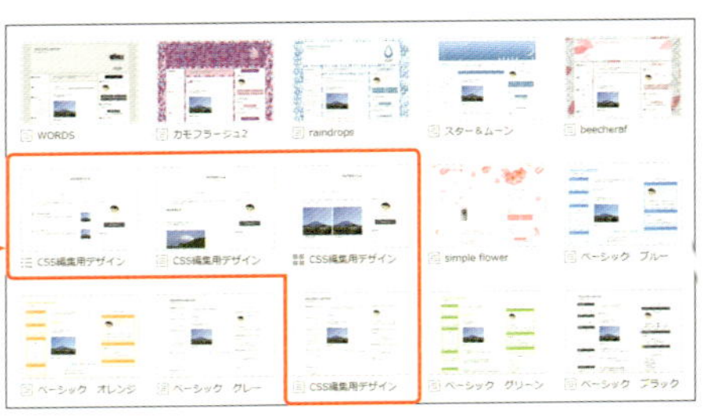

5 画面下部のプレビューで内容を確認し、

6 レイアウトを選択したら、

7 <適用する>をクリックします。

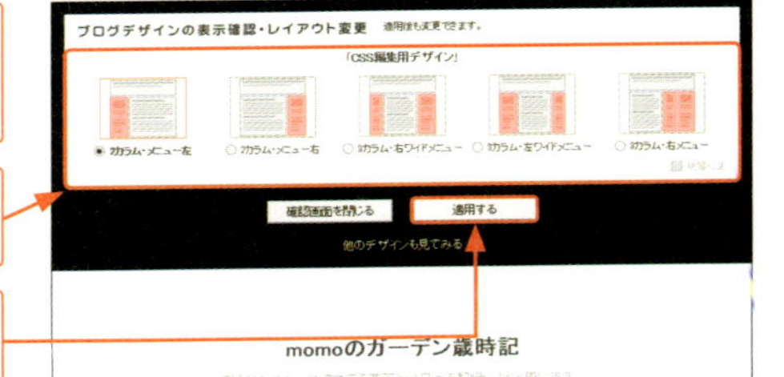

2 CSSを利用してデザインを変更する

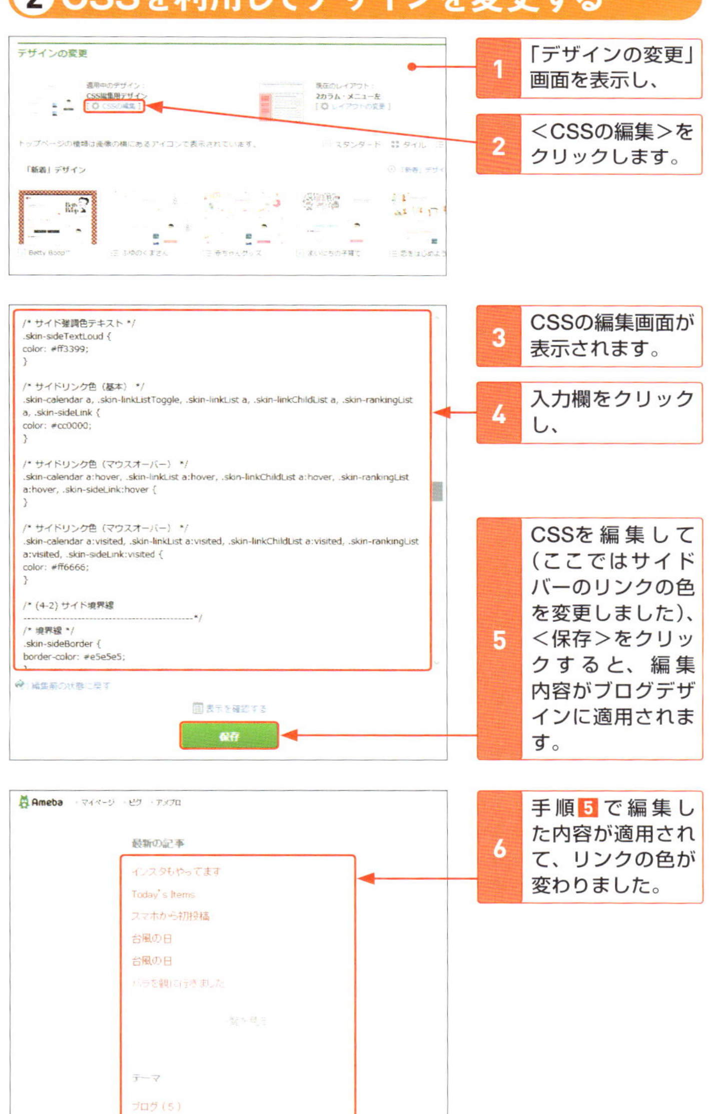

Memo ピグを使ったデザインに変更する

Amebaのサービスの1つ「アメーバピグ」は、自分にそっくりな「ピグ」と呼ばれるアバターをつくり、そのピグを使ってチャットやゲームなどを楽しめる機能です。作成したピグは、アメブロに表示させることもできます。ピグを使ったデザインにはさまざまな種類があり、ブログに表示したピグは表情を変えたり、おでかけさせたりすることもできます。

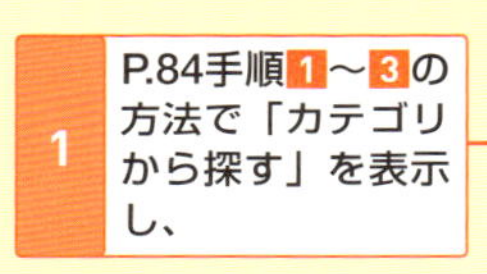

1 P.84手順1〜3の方法で「カテゴリから探す」を表示し、

2 <ピグデザイン>をクリックします。

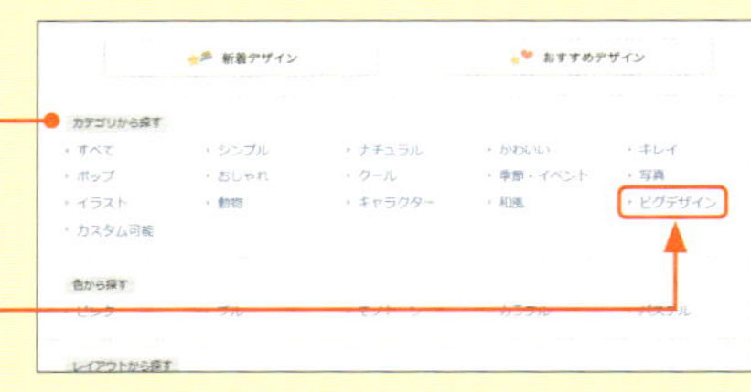

3 「ピグデザイン」の一覧から好きなデザインをクリックします。

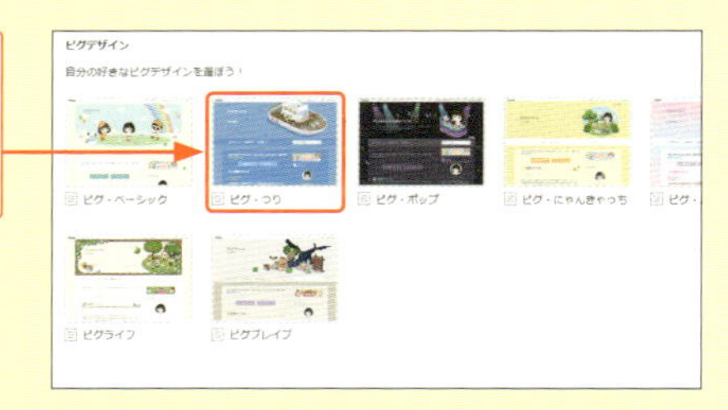

4 画面下部のプレビューで内容を確認し、

5 レイアウトを選択して、

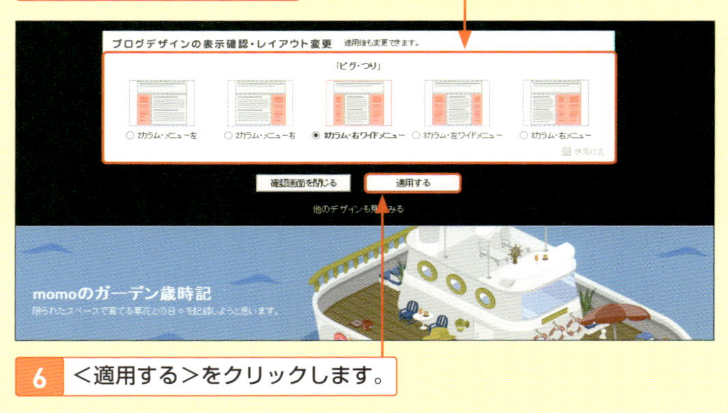

6 <適用する>をクリックします。

ブログをもっと多くの人に見てもらおう

Section 38

記事の下に同じテーマの記事を表示させよう

閲覧中の記事の下に、同じテーマの記事を掲載することで、興味を持った読者がほかの記事を読んでくれる可能性が高まります。また、写真を掲載した記事のリンクを配置することも可能です。

1 同じテーマの記事を表示する

1 マイページを表示して、＜ブログ管理＞をクリックします。

2 ＜設定・管理＞をクリックして、＜基本設定＞をクリックします。

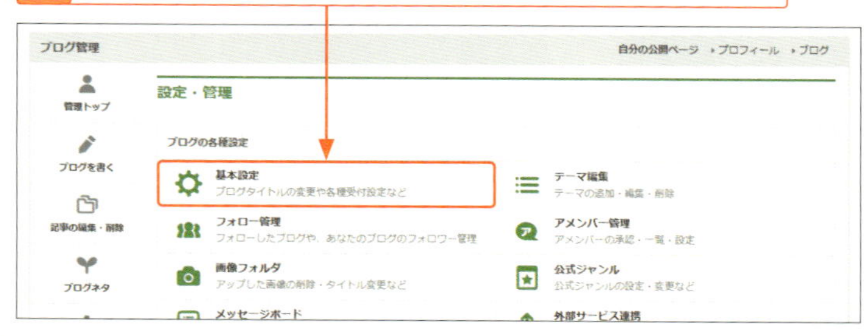

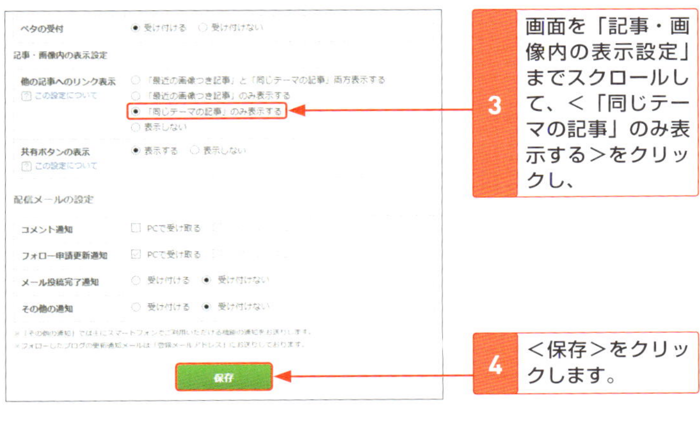

3 画面を「記事・画像内の表示設定」までスクロールして、<「同じテーマの記事」のみ表示する>をクリックし、

4 <保存>をクリックします。

5 設定が完了します。

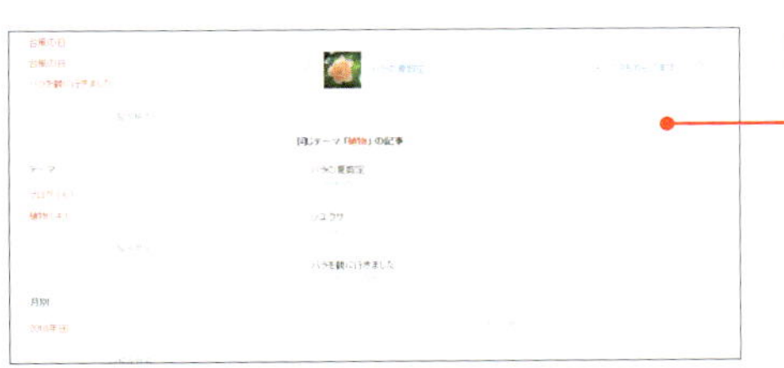

6 自分のブログで任意の記事を表示すると、記事下に「同じテーマの記事」のリンクが表示されたことが確認できます。

Memo 画像つき記事を表示する

記事下に、画像つきの記事へのリンクを表示させるには、手順**3**の画面で<「最近の画像つき記事」と「同じテーマの記事」両方表示する>または、<「最近の画像つき記事」のみ表示する>を選択します。画像つき記事へのリンクは、画像のサムネイルが表示され、目を引くデザインになっています。

記事にフォローボタンを載せよう

アメブロを開始すると、サイドバーや記事の下に、自分をフォローしてもらうためのフォローボタンが設置されます。ここでは、記事中にフォローボタンを設置する方法を紹介します。

1 フォローボタンを設置する

1 P.104手順1の方法で「ブログ管理」画面を表示し、<ブログを書く>をクリックします。

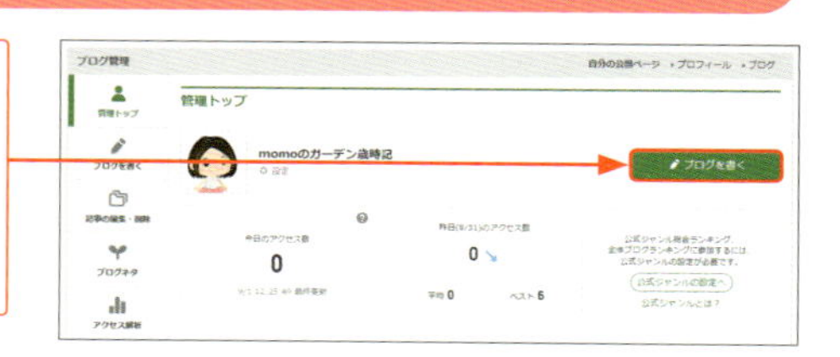

2 記事のタイトルや本文を入力します。

3 フォローボタンを挿入したい場所をクリックし、

4 <おねだり>をクリックします。

5 <フォロー>タブが選択されていることを確認して、

6 使用したいフォローボタンをクリックします。

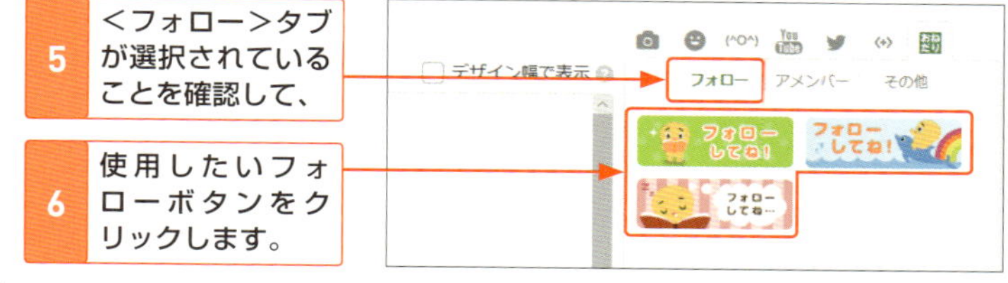

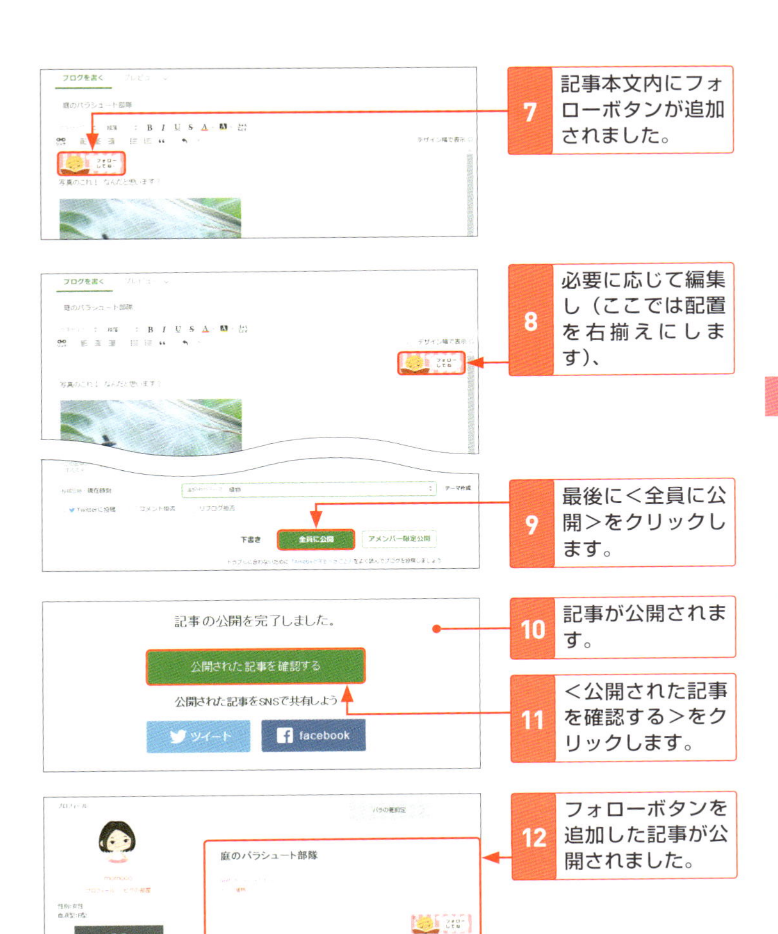

7 記事本文内にフォローボタンが追加されました。

8 必要に応じて編集し(ここでは配置を右揃えにします)、

9 最後に<全員に公開>をクリックします。

10 記事が公開されます。

11 <公開された記事を確認する>をクリックします。

12 フォローボタンを追加した記事が公開されました。

5 ブログをもっと多くの人に見てもらおう

Memo フォローボタンを過去の記事に追加する

フォローボタンは記事ごとに追加する仕様であるため、すべての記事にボタンを追加するには、記事を作成するごとにボタンを挿入する必要があります。公開済みの記事にボタンを追加する場合は、P.52（Sec.18）を参考に「記事の編集・削除」画面でボタンを追加します。

Section 40

SNSプロフィールを設定しよう

アメブロでは、ブログ記事にTwitterやInstagramなど、自分のSNSアカウントへのリンクを追加できます。ブログから、SNSアカウントのフォロワーを増やしたいときに便利な機能です。

1 SNSのプロフィールを記事下に表示する

1 マイページを表示して、<ブログ管理>をクリックします。

2 <設定・管理>をクリックします。

3 <SNSプロフィール設定>をクリックします。

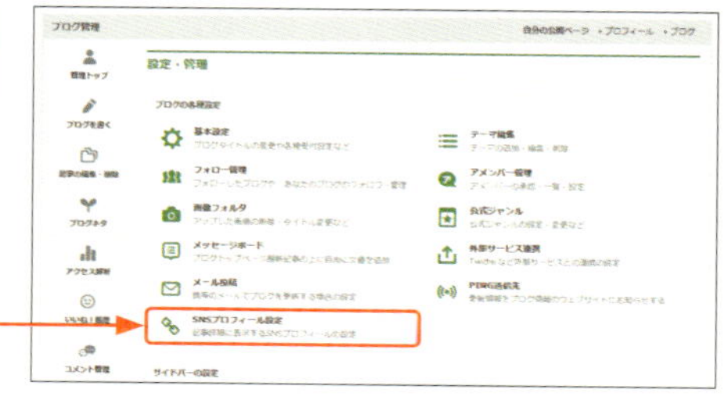

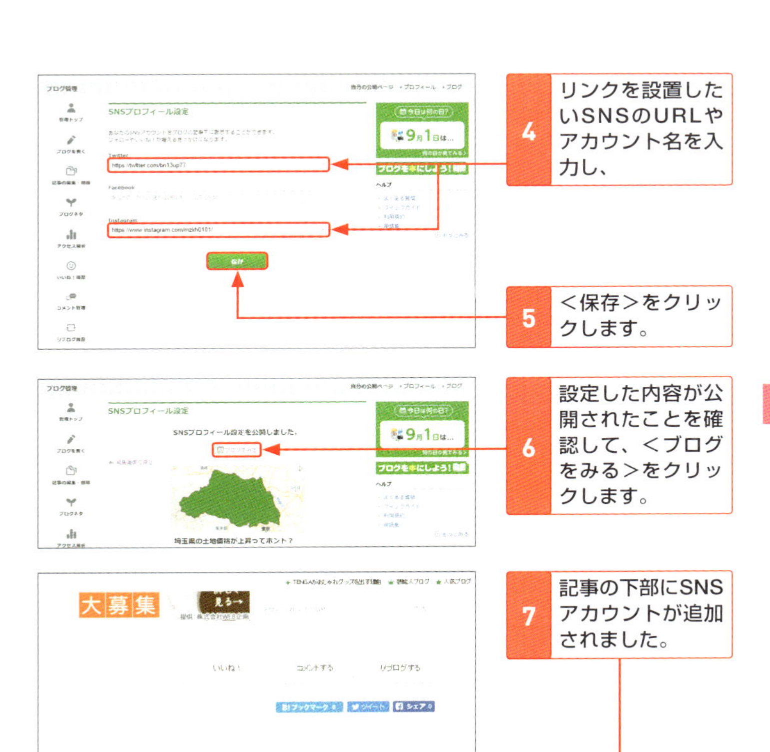

SNSプロフィール設定
4 リンクを設置したいSNSのURLやアカウント名を入力し、
5 <保存>をクリックします。
SNSプロフィール設定を公開しました。
6 設定した内容が公開されたことを確認して、<ブログをみる>をクリックします。
大募集
7 記事の下部にSNSアカウントが追加されました。

Memo AmebaアプリでSNSプロフィールを設定する

スマートフォンのAmebaアプリでも、SNSプロフィールを記事に表示させることが可能です。Amebaアプリを起動し、「ブログ管理」画面を開いて、<設定・管理>→<SNSプロフィール設定>をタップします。リンクを設置したいURLを入力して、<保存>をタップすると、アプリで書いた記事にもSNSアカウントのリンクが表示されるようになります。

Section 41

記事をSNSに同時投稿しよう

ブログ記事を公開したら、SNSにも更新情報を投稿しましょう。アメブロでは、記事の公開と同時にTwitterに自動投稿する方法と、公開済みの記事をFacebookなどにシェアする方法があります。

1 アメブロとTwitterを連携する

アメブロの更新情報を Twitter に同時投稿するには、Twitter アカウントを認証する必要があります。認証作業を行う前に、ブラウザーで Twitter にログインしておくとスムーズに操作できます。

1 P.104手順 1 ～ 2 の方法で「設定・管理」画面を表示します。

2 ＜外部サービス連携＞をクリックします。

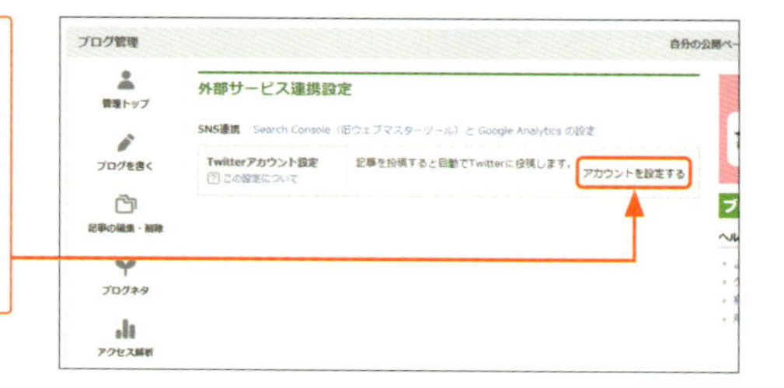

3 「外部サービス連携設定」画面で「Twitterアカウント設定」の＜アカウントを設定する＞をクリックします。

Twitterアカウントを認証します。

Twitterに同時に投稿するには、Twitterアカウントを認証する必要があります。

認証する

閉じる

4 ＜認証する＞をクリックします。

5 Twitterの認証画面に切り替わります。

6 内容を確認して＜連携アプリを認証＞をクリックします。

ブラウザーでTwitterにログインしていない場合は、ここでTwitterにログインします。

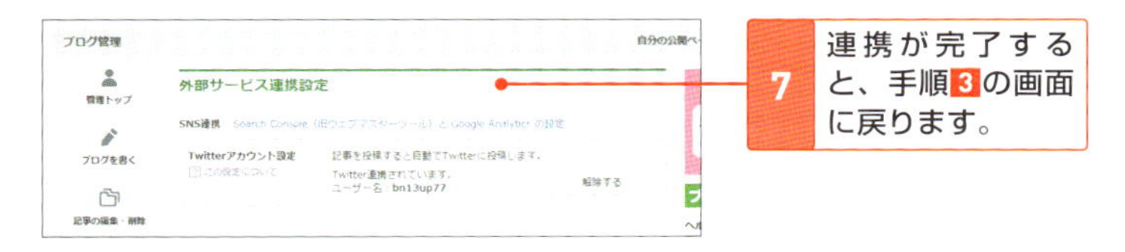

7 連携が完了すると、手順**3**の画面に戻ります。

2 ブログ記事をTwitterに同時投稿する

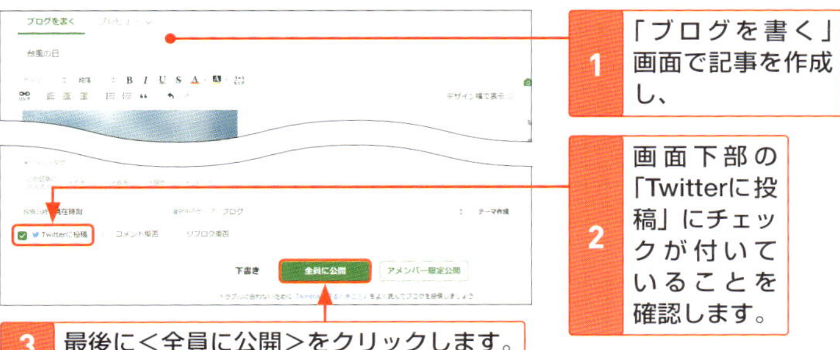

1 「ブログを書く」画面で記事を作成し、

2 画面下部の「Twitterに投稿」にチェックが付いていることを確認します。

3 最後に＜全員に公開＞をクリックします。

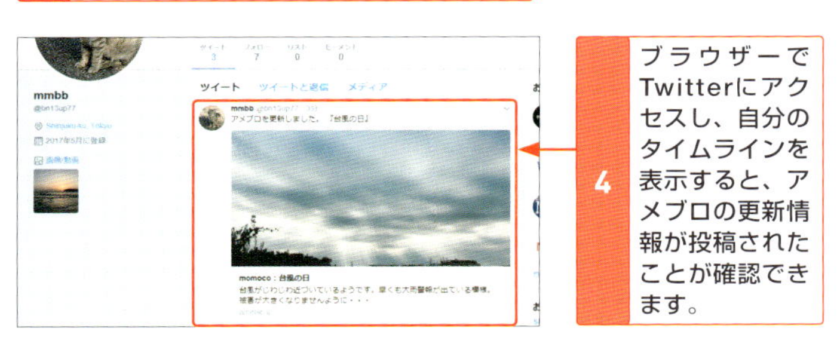

4 ブラウザーでTwitterにアクセスし、自分のタイムラインを表示すると、アメブロの更新情報が投稿されたことが確認できます。

3 ブログ記事をFacebookにシェアする

アメブロでは現在、Facebookとの連携投稿はできません。Facebookにブログ記事を投稿したい場合は、公開後の記事ページからシェアする必要があります。

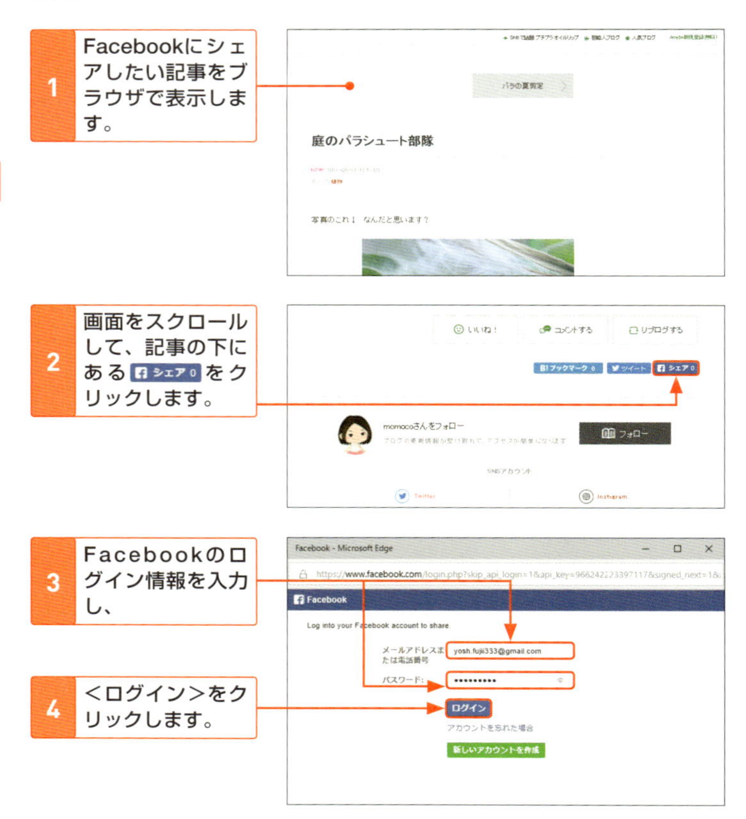

1 Facebookにシェアしたい記事をブラウザで表示します。

2 画面をスクロールして、記事の下にある シェア 0 をクリックします。

3 Facebookのログイン情報を入力し、

4 <ログイン>をクリックします。

Memo アカウントの連携を解除する

外部サービスの連携は、解除することができます。P.111手順7の画面で解除したいアカウントの右側にある、<解除する>をクリックすると、アカウントの連携が解除されます。

5 ブログ記事のリンクが挿入された状態でFacebookの投稿画面が表示されます。

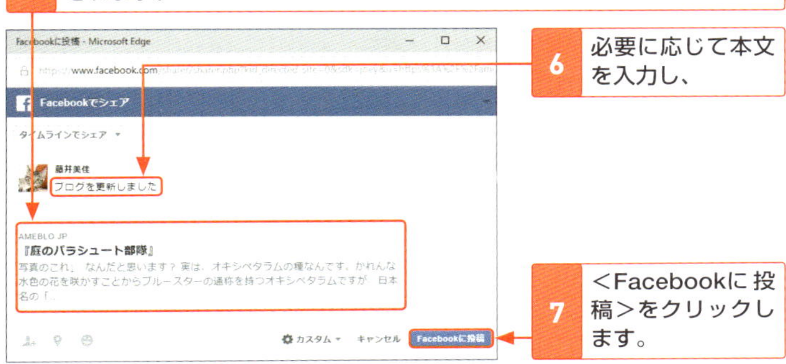

6 必要に応じて本文を入力し、

7 <Facebookに投稿>をクリックします。

8 ブラウザーでFacebookのページを表示すると、ブログ記事が投稿されたことが確認できます。

StepUp ほかのユーザーのブログ記事をSNSで共有する

共有したいブログ記事をスクロールし、画面下部にある任意のSNSをクリックします。投稿画面が表示されたら、内容を確認し、必要に応じて編集してから記事をSNSに投稿します。

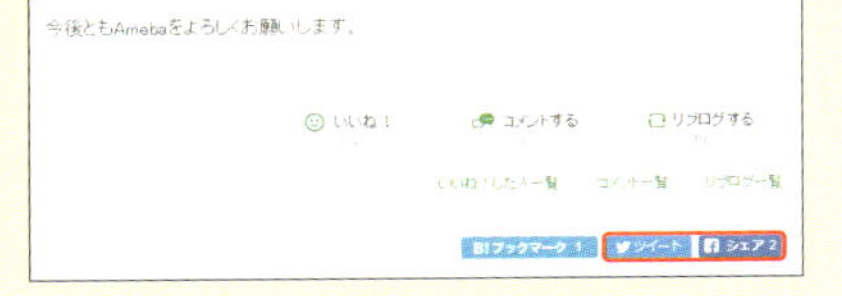

Section 42

Amebaのブログランキングに参加しよう

Amebaのブログランキングに参加するには、始めにジャンルを設定します。ブログの内容に沿ったジャンルに登録することで、記事が検索しやすくなり、より多くの読者の目にとまるようになります。

1 ジャンルを設定する

1 P.104手順 1 〜 2 の方法で、「設定・管理」画面を表示し、

2 ＜公式ジャンル＞をクリックします。

3 「公式ジャンルの設定」画面が表示されたら、

4 ＜テーマ＞タブをクリックし、

5 自分のブログに合ったジャンル（ここでは＜ガーデニング＞）をクリックして選択します。

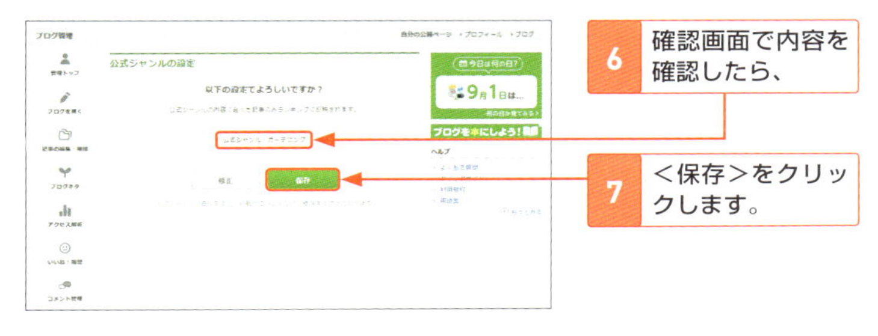

6 確認画面で内容を確認したら、

7 ＜保存＞をクリックします。

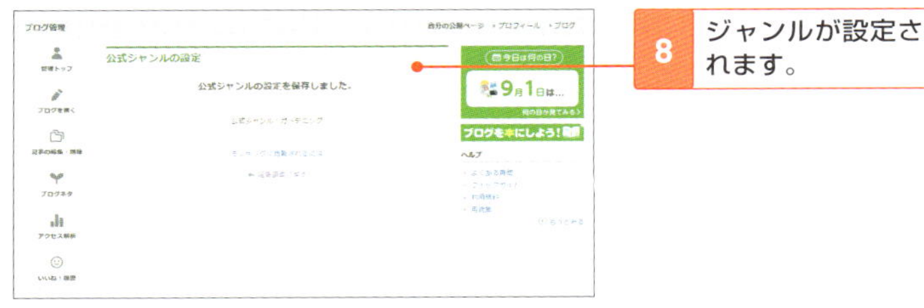

8 ジャンルが設定されます。

2 ランキングを確認する

1 ジャンルに登録すると、「管理トップ」画面にジャンルやブログ全体のランキング順位が表示されます。

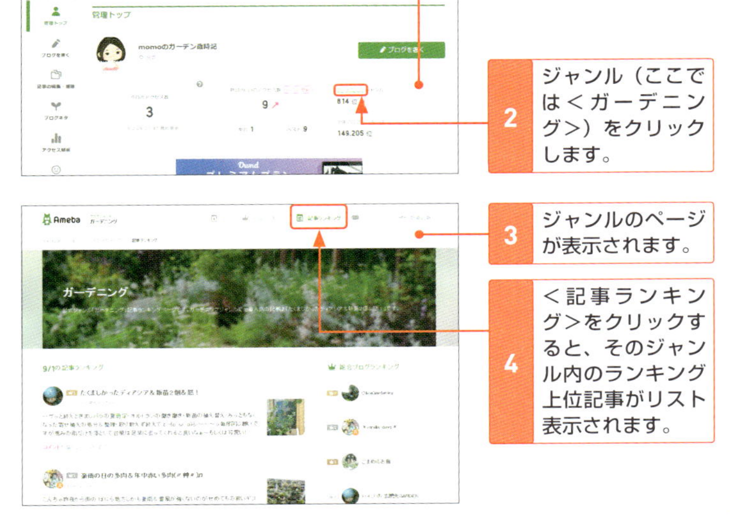

2 ジャンル（ここでは＜ガーデニング＞）をクリックします。

3 ジャンルのページが表示されます。

4 ＜記事ランキング＞をクリックすると、そのジャンル内のランキング上位記事がリスト表示されます。

Section 43

外部ブログランキングにも登録しよう

Sec.42では、Amebaのブログランキングに参加する手順を紹介しました。今度は、さまざまなブログサービスを対象にしたブログランキングに登録して、より多くの人にブログを広めましょう。

1 外部ブログランキングに登録する

インターネット上には、いくつかのブログランキングサイトがあります。こうしたサイトを利用するメリットは、アメブロ以外のブログからアクセスが見込める点です。ここでは「にほんブログ村」を例に、登録からバナーの貼り付けまでを解説します。

1 ブラウザーで「にほんブログ村（https://blogmura.com/）」にアクセスします。

2 <新規登録>ボタンをクリックします。

3 表示されたページをスクロールして、画面の指示に従ってフォームの各項目に入力します。

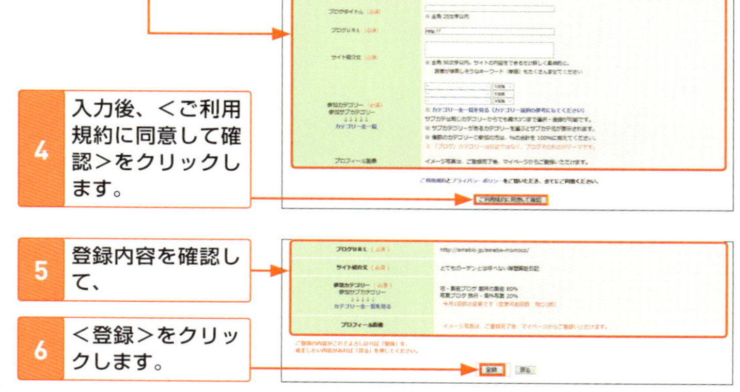

4 入力後、<ご利用規約に同意して確認>をクリックします。

5 登録内容を確認して、

6 <登録>をクリックします。

② ブログ記事にバナーを貼り付ける

1 にほんブログ村の「マイページ」を表示して、<ランキング用バナー>をクリックします。

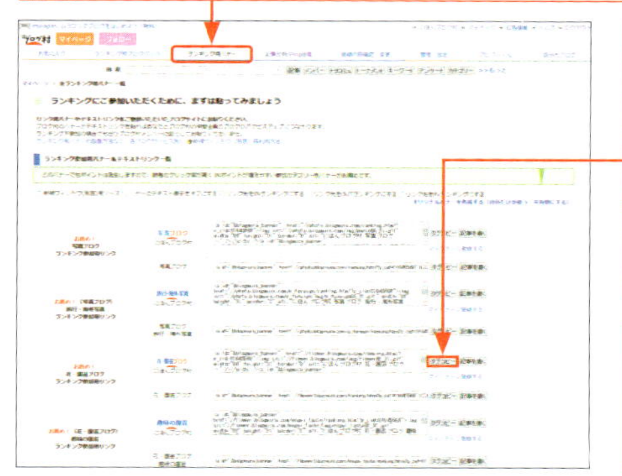

2 登録したジャンルやサブカテゴリ用のバナーが一覧表示されるので、記事の内容にあったバナーの<タグコピー>をクリックします。

うまくコピーできない場合は、囲み内の文字列をすべて選択してコピーします。

3 Amebaブログで「ブログを書く」画面を表示して、ブログ記事を作成します。

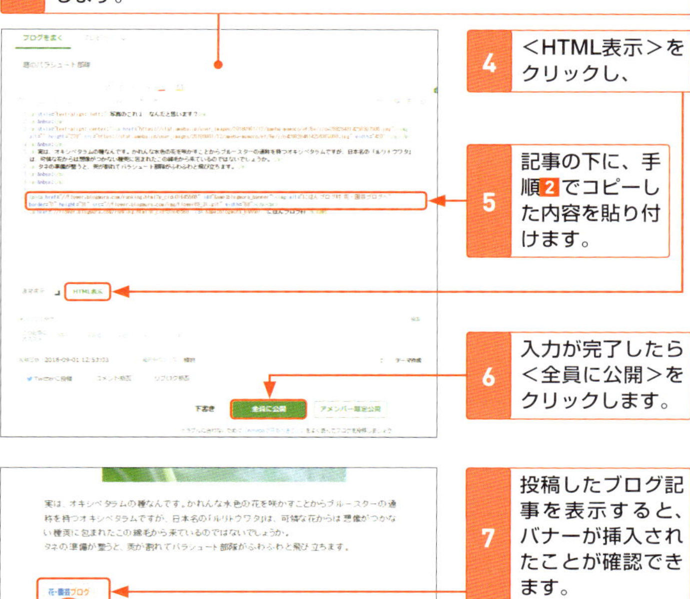

4 <HTML表示>をクリックし、

5 記事の下に、手順2でコピーした内容を貼り付けます。

6 入力が完了したら<全員に公開>をクリックします。

7 投稿したブログ記事を表示すると、バナーが挿入されたことが確認できます。

Section 44

Googleにブログを登録しよう

キーワードによる検索からブログに訪れる人は少なくありません。そこで、検索からウェブサイトに効率よく読者を誘導するためのGoogleの機能「Search Console」にブログを登録してみましょう。

1 「Search Console」にブログを登録する

Search Consoleは、Googleが無料で提供するサービスで、検索結果によるWebサイトのパフォーマンスのチェックや管理を行います。自分のブログを登録すると、どんなキーワードで検索されているか、検索の結果どのページにリーチしているかといったことが確認できるようになります。

1 ブラウザーで「Search Console（https://www.google.com/webmasters/tools/home?hl=ja）」のWebページを表示します。

2 「ウェブサイト」の右側の入力欄に、アメブロのURLを入力し、

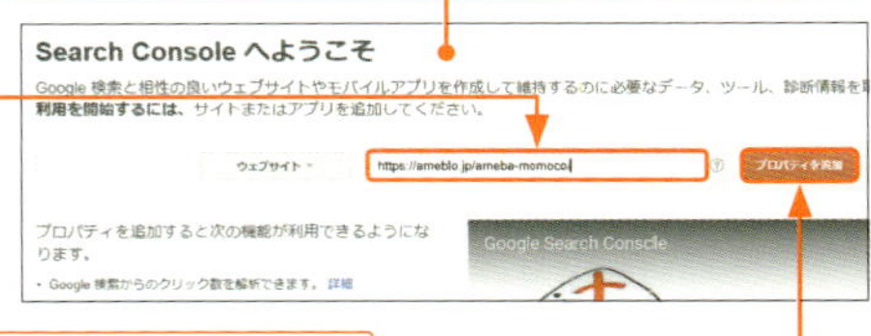

3 <プロパティを追加>をクリックします。

4 移動した画面で<別の方法>タブをクリックします。

5 <HTMLタグ>にチェックを付けて、

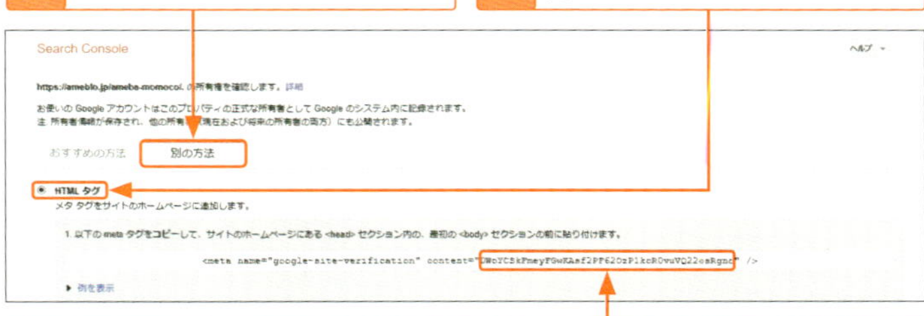

6 表示されたタグをコピーします。なお、必要な部分は「content=」に続く" "で囲まれた文字列です。

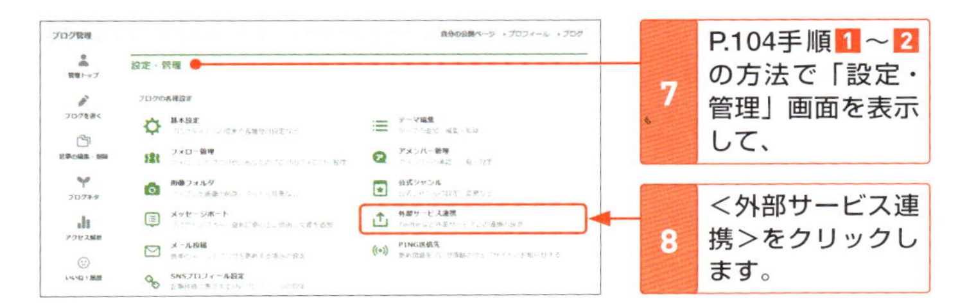

7 P.104手順1～2の方法で「設定・管理」画面を表示して、

8 ＜外部サービス連携＞をクリックします。

9 ＜Search Console（旧ウェブマスターツール）とGoogle Analyticsの設定＞をクリックします。

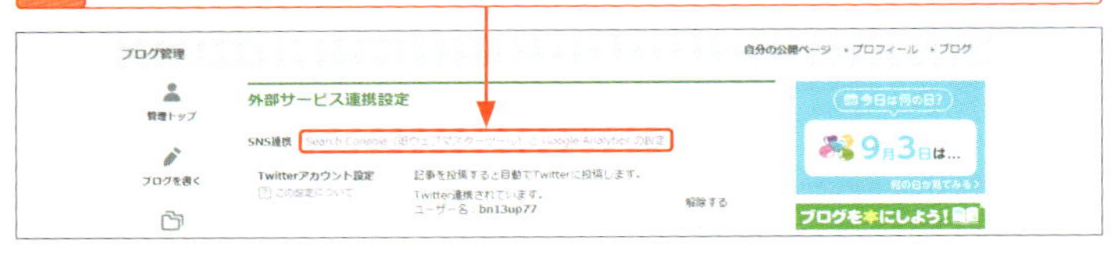

10 上の段の「Search Console（旧ウェブマスターツール）の設定」の入力欄に、手順6でコピーした文字列を貼り付けて、

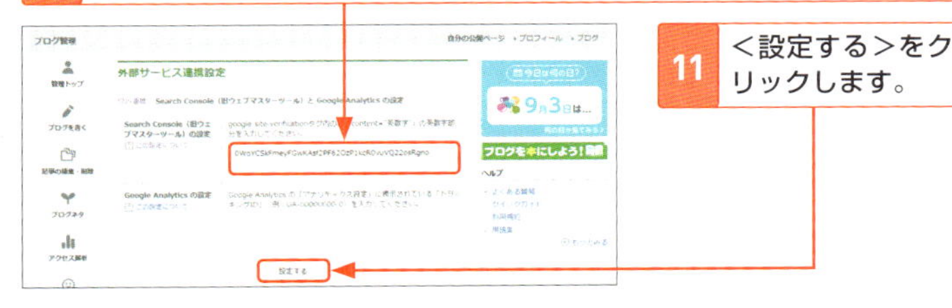

11 ＜設定する＞をクリックします。

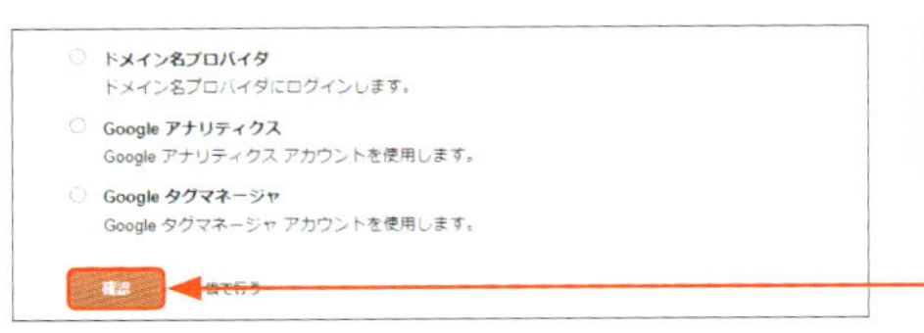

12 P.118手順6の画面に戻り、＜確認＞をクリックして、登録を完了します。

Memo Googleアカウントでサインインする

Search Consoleの利用には、Googleアカウントが必要です。P.118手順1でSearch Consoleのページを開く際に、Googleへのサインインを求められたら、Googleのユーザー名とパスワードでサインインして先に進みます。

アクセス解析を確認しよう

アメブロには、アクセス解析を行うツールが用意されています。「いつ」「どこから」「どのように」「何件」アクセスされたのかといった情報が得られるので、活用してみましょう。

1 アクセス数を確認する

1 P.104手順1の方法で「ブログ管理」画面を表示して、

2 ＜アクセス解析＞をクリックします。

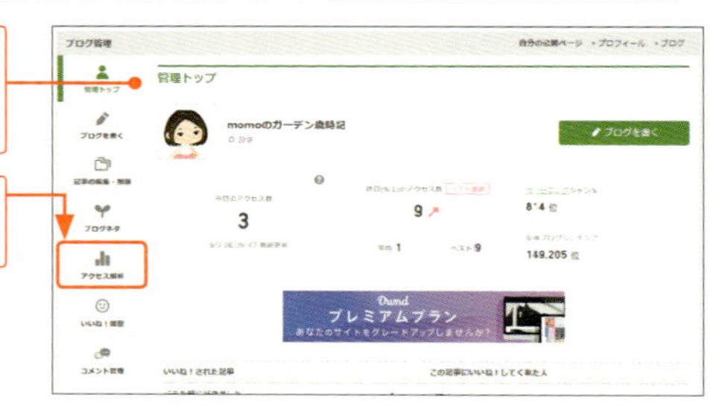

「アクセス解析」画面で、「ブログ全体のアクセス数」を見てみましょう。初期状態では、7日間分のアクセスが表示されます。

3 グラフ内で日付をクリックすると、

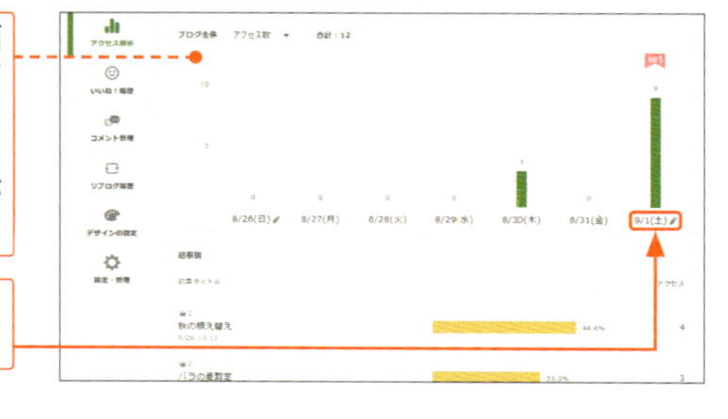

4 その日のアクセス状況が時間ごとに表示されます。

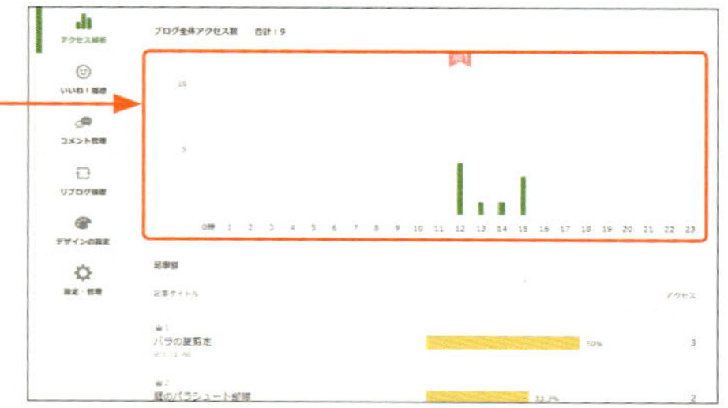

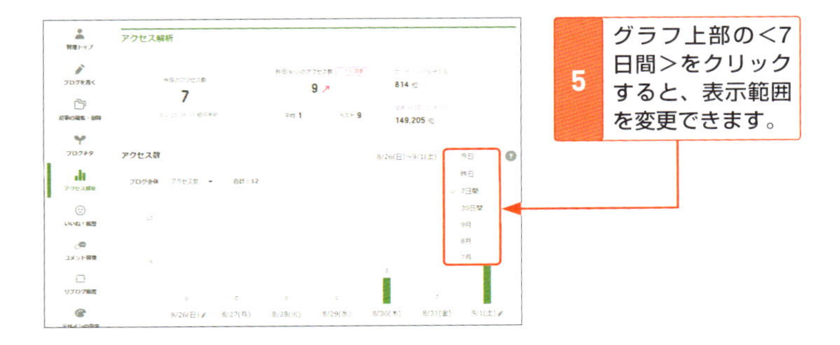

5 グラフ上部の<7日間>をクリックすると、表示範囲を変更できます。

2 さまざまなアクセス解析を確認する

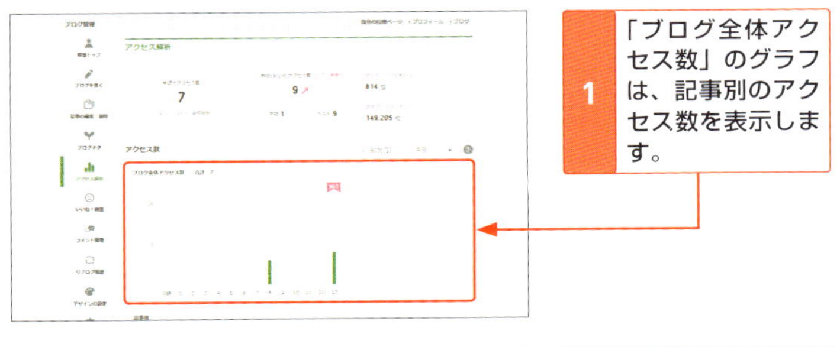

1 「ブログ全体アクセス数」のグラフは、記事別のアクセス数を表示します。

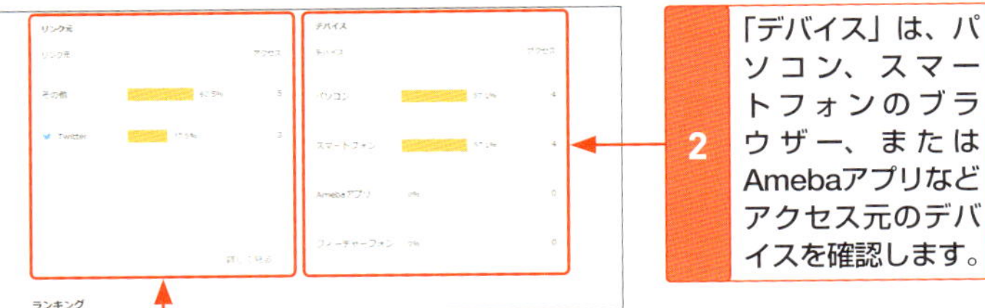

2 「デバイス」は、パソコン、スマートフォンのブラウザー、またはAmebaアプリなどアクセス元のデバイスを確認します。

3 「リンク元」は、どこからアクセスしてきたかを確認できます。

Memo　検索ワード

これまで「リンク元」には、「検索ワード」も表示されていましたが、検索エンジンの仕様変更に伴い、この機能は終了しています。検索からのアクセスをもっと詳細に知りたい場合は、Googleが提供するSearch ConsoleやGoogleアナリティクスを利用します（P.118、122参照）。

Section 46

外部のアクセス解析サービスを導入してみよう

より詳しいアクセス情報が知りたい場合は、外部のサービスを利用する方法もあります。ここでは、代表的なアクセス解析サービス「Googleアナリティクス」の導入方法を紹介します。

1 Googleアナリティクスを設定する

「Google アナリティクス」は、Google が提供するアクセス解析サービスです。検索に絞った設定や検証を行う「Search Console」に対して、Web サイトへのアクセスについて、より詳細な情報を取得します。

1 あらかじめブラウザーでGoogleにサインインしておき、ブラウザーで「Googleアナリティクス（https://analytics.google.com/)」を表示します。

2 開始画面で＜お申し込み＞をクリックします。

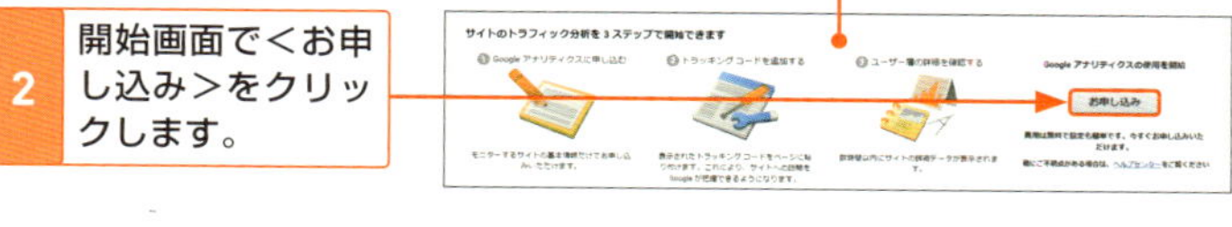

3 任意のアカウント名を入力します。

4 WebサイトのURLを入力して、

5 タイムゾーンを「日本」に設定します。

6 Googleと共有するデータの種類を選択したら、

7 ＜トラッキングIDを取得＞をクリックして、「Googleアナリティクス利用規約」画面で、＜同意する＞をクリックし、トラッキングIDを取得します。

2 アメブロ側の設定をする

1 P.104手順1～2の方法で「設定・管理」画面を表示して、

2 <外部サービス連携>をクリックします。

3 <Search Console（旧ウェブマスターツール）とGoogle Analyticsの設定>をクリックします。

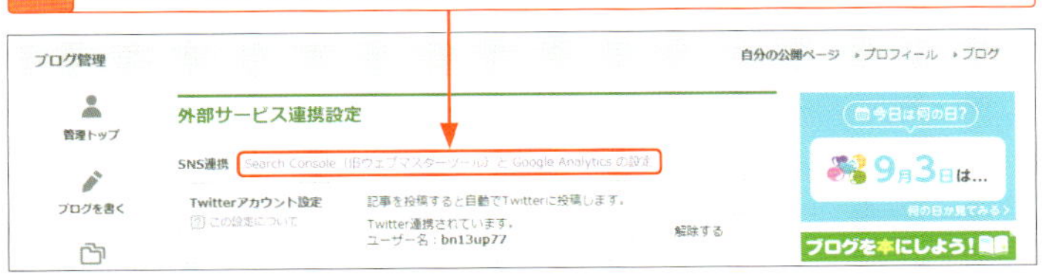

4 「Google Analyticstの設定」の入力欄に、P.122手順7で取得したトラッキングIDを貼り付けて、

5 <設定する>をクリックします。

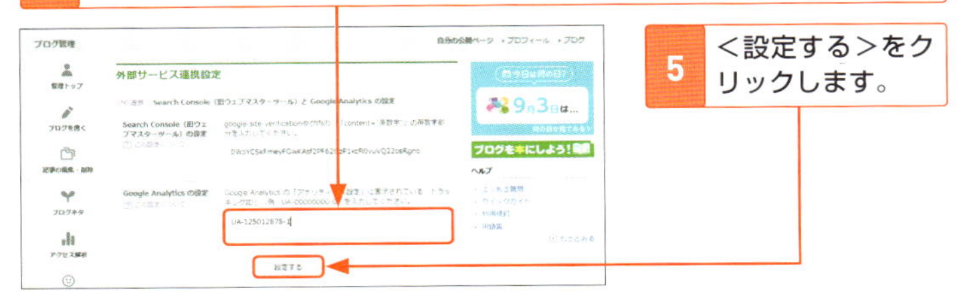

6 ブラウザーで、Googleアナリティクスの画面を表示します。

7 左のサイドバーで<リアルタイム>をクリックします。

登録したブログへの現在の訪問者の状況が表示されます。

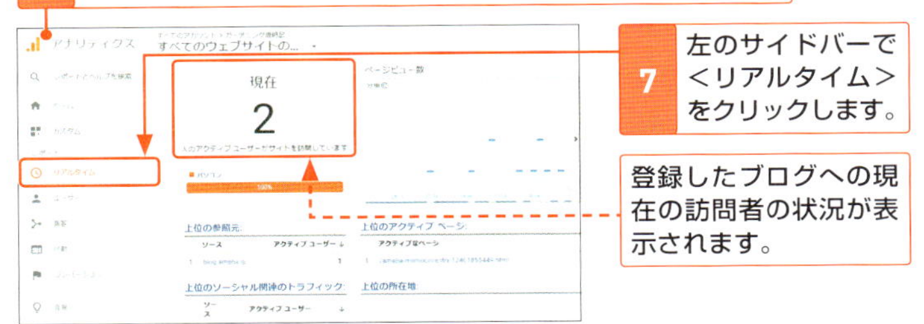

③ Googleアナリティクスでアクセス解析を確認する

＜リアルタイム＞→＜トラフィック＞をクリックすると、訪問者がどのリンクからページにたどり着いたかがわかります。

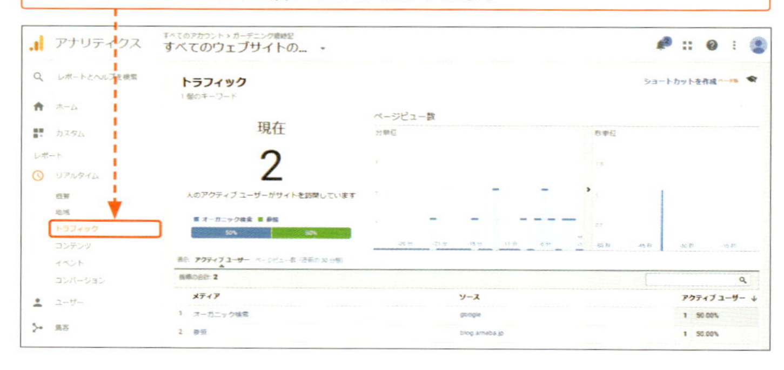

＜ユーザー＞→＜地域＞→＜地域＞をクリックすると、訪問者がどこの地域からページを開いたかがわかります。

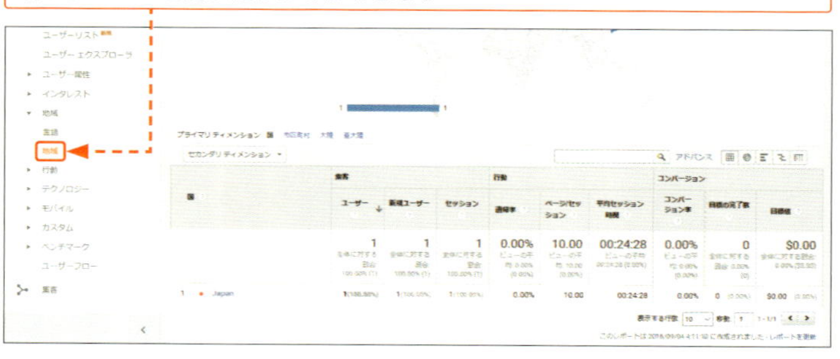

＜ユーザー＞→＜テクノロジー＞→＜ブラウザとOS ＞をクリックすると、訪問者が使用しているブラウザーとOSがわかります。

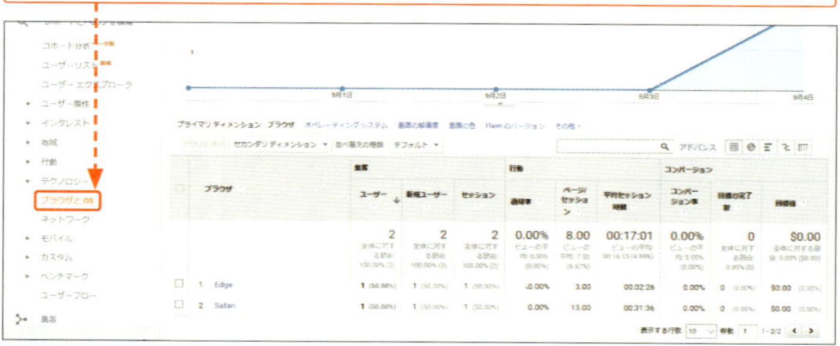

スマートフォンから アメブロを使おう

スマートフォンでアメブロを楽しもう

休日のお出かけや旅行などスマートフォンと過ごす時間が長い人には、Amebaアプリが便利です。旅先で撮った写真や動画をその場でブログに投稿したり、気になるブログを閲覧したりできます。

1 Amebaアプリの画面構成

Ameba アプリをインストールすると、パソコンのブラウザーと同様に芸能人・有名人のブログを閲覧したり、ピグやゲームを楽しんだりできます。もちろん自分のブログの投稿や編集も可能です。アプリを起動してログイン (Sec.58 参照) すると、次のようなホーム画面が表示されます。

❶	Amebaの各機能や設定にアクセスするためのメニュー
❷	アメブロ、アメとも、トークなど各種お知らせを確認する
❸	ホーム画面を表示する
❹	おすすめブログや注目記事が表示される
❺	「ブログ管理」画面を表示する。ブログの投稿や、アクセス解析、ランキングの確認などもここで行う
❻	ブログ記事の作成画面を表示する。通常のブログとクリップブログの作成が可能

Memo iPhone版とAndroid版の違い

iPhone版とAndroid版のAmebaアプリでは、ホーム画面のメニューバーの位置や、ログアウト方法など異なる部分がありますが、基本的には同じ操作で利用できます。なお、スマートフォン版「ピグ」は、アプリからブラウザーを起動してブラウザー上で動作します。

❷ スマートフォン版Amebaでできること

記事の投稿・編集・管理

パソコン版と同じように、記事の投稿や編集ができます。また、スマートフォン版限定機能「クリップブログ」の作成や投稿も可能です。

「ブログ管理」画面からは、ブログの投稿や編集のほか、アクセス解析の利用や、スマートフォン用ブログ画面のデザインの変更もできます。

ピグ

iPhoneでは、Amebaアプリのホーム画面から<ピグ>をタップすると、ブラウザーアプリが起動し、ピグの部屋が表示されます。

ピグを使ったゲームも多数用意されています。ほかのゲームと同様に、ブラウザー上でプレイします。

Section 48 Amebaアプリをインストールしよう

Amebaアプリをインストールすると、スマートフォンからかんたんにアメブロを楽しむことができます。人気記事の閲覧はもちろん、ブログ記事の作成やピグで遊ぶこともできます。

1 AmebaアプリをiPhoneにインストールする

1 iPhoneのホーム画面で<App Store>をタップします。

2 画面下部の<検索>をタップします。

3 検索ボックスに「ameba」と入力して、

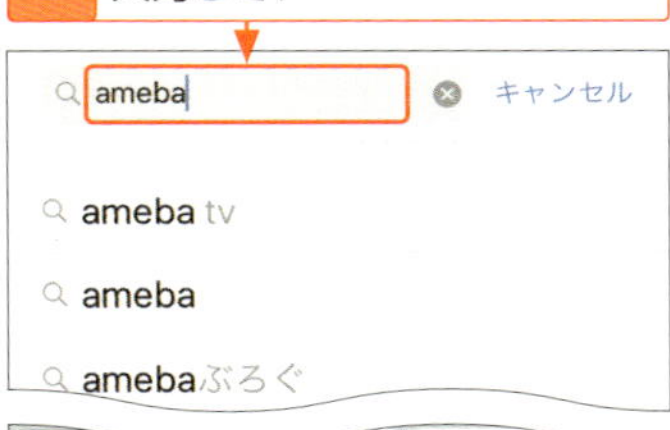

4 <検索>(または<Search>)をタップします。

5 検索結果の一覧から<Ameba>をタップします。

6 ＜入手＞をタップします。

7 アカウントが正しいことを確認して、

8 ＜インストール＞をタップします。

9 「Apple IDでサインイン」画面が表示されたら、パスワードを入力して、

10 ＜サインイン＞をタップします。

11 インストールが完了すると、ホーム画面にアイコンが配置されます。

iPhone版Amebaアプリをアンインストールする

iPhoneにインストールしたAmebaアプリをアンインストールするには、ホーム画面でAmebaアプリのアイコンを長押しして、表示された×をタップし、確認画面で＜削除＞をタップします。

2 AmebaアプリをAndroidスマートフォンにインストールする

1 ホーム画面で<Playストア>をタップします。

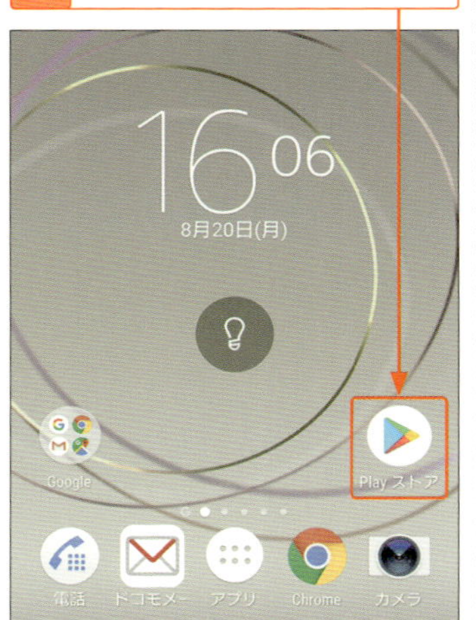

2 画面上部の<Google Play >をタップします。

3 検索ボックスに「ameba」と入力して、

4 🔍をタップします。

5 検索結果の一覧から<Ameba >をタップします。

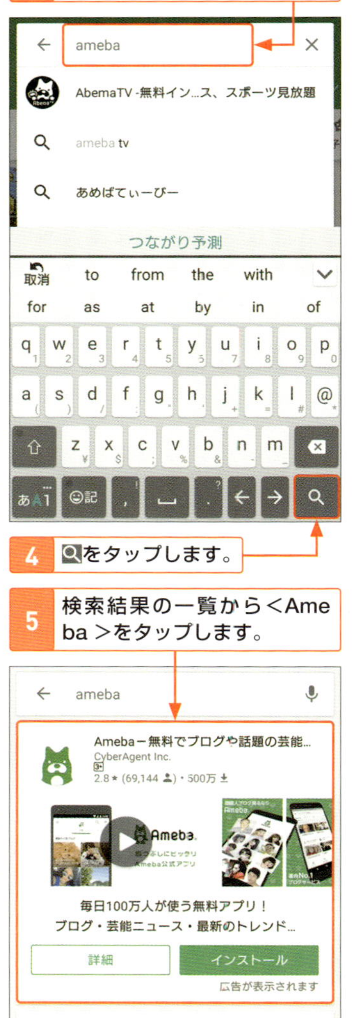

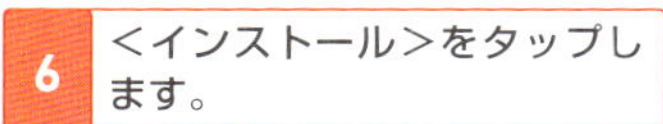

6 ＜インストール＞をタップします。

7 インストールが開始されます。

8 インストールが完了すると、アプリ画面にアイコンが配置されます。

Memo Android版Amebaアプリをアンインストールする

Androidスマートフォンにインストールしたアメーバアプリをアンインストールするには、アプリ画面から＜設定＞→＜アプリと通知＞→＜アプリ情報＞の順にタップし、アンインストールするアプリをタップして、＜アンインストール＞をタップします。

アプリから アメブロを閲覧しよう

外出先でもスマートフォンから、自分のブログや自分宛てのメッセージを確認できます。コメントやメッセージに返信もできるので、外出中や旅行先でも、家にいるときと同じように利用できます。

1 自分のブログを確認する

1 Amebaアプリを起動したら、ログイン（Sec.58）したうえで、画面下部のメニューバーから＜ブログ管理＞をタップします。

2 ＜自分のブログを見る＞をタップします。

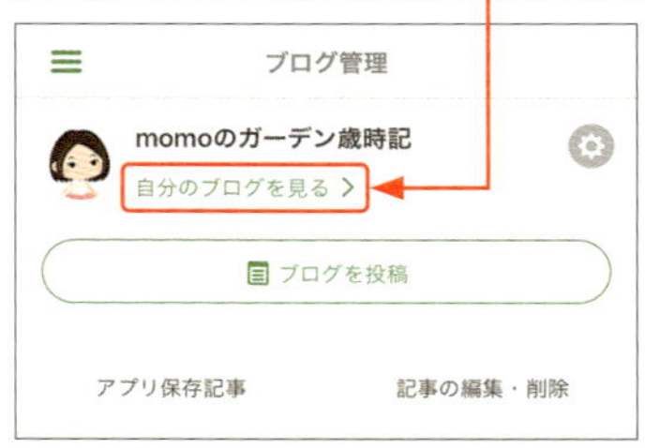

3 自分の記事がリスト表示されるので、

4 閲覧したい記事をタップします。

5 記事が表示されます。

② 自分宛てのメッセージを確認する

1 画面左上部の☰をタップします。

2 ＜メッセージ＞をタップします。

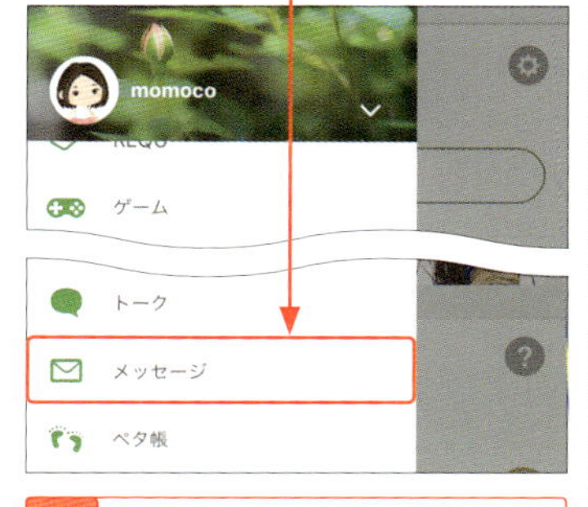

3 受信メッセージの一覧が表示されたら、

4 読みたいメッセージをタップします。

5 メッセージの内容が表示されます。

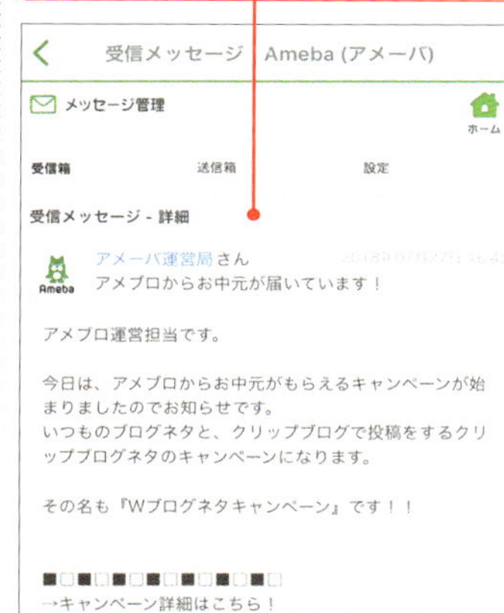

「Amebaからのお知らせ」

新着メッセージがある場合、ホーム画面の「Amebaからのお知らせ」欄に表示されます。ホーム画面を上方向にスクロールして＜メッセージが届いています＞をタップすると、手順3の画面に移動します。

好きなジャンルをタブに追加しよう

Amebaアプリの「見つける」画面の上部には、おすすめのジャンルのタブが用意されています。ここでは、好きなジャンルやよく見るジャンルをタブに追加する方法を解説します。

1 ジャンルを選んでタブに追加する

1 Amebaアプリ起動したら、画面下部にある<見つける>をタップして、

2 画面上部のタブの右側にある＋をタップします。

3 「タブの編集」画面で「タブ追加」が選択されていることを確認し、

4 好きなジャンルを見つけてタップします。

5 手順4で選択したジャンルの画面で内容を確認し、

6 <追加>をタップします。

7 タブ（ここでは「ガーデニング」）が追加されます。

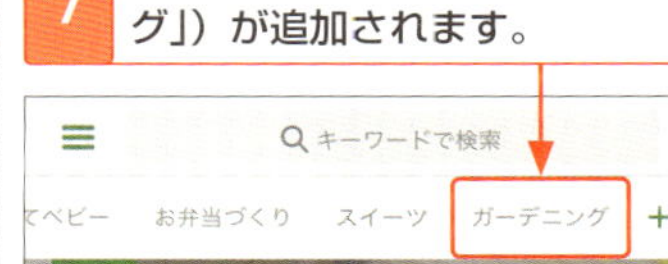

2 タブを並べ替える

1 P.134手順1の方法で「見つける」画面を表示して、

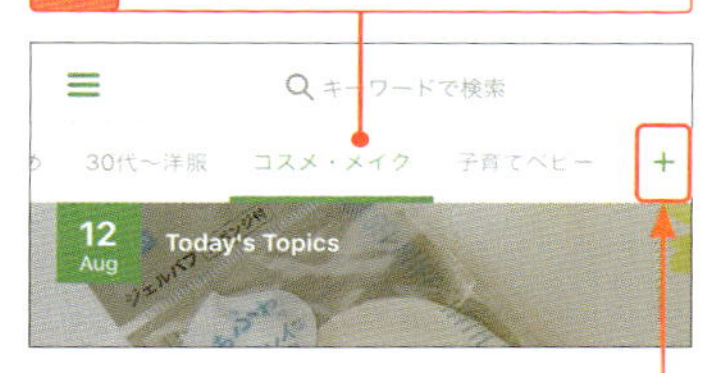

2 画面右上部の＋をタップします。

3 「タブの編集」画面で<タブの並び替え/削除>をタップします。

4 移動させたいタブの右側にある をタッチしたまま任意の場所に移動させます。

5 <変更を保存する>をタップします。

6 タブの並び順が変更されます。

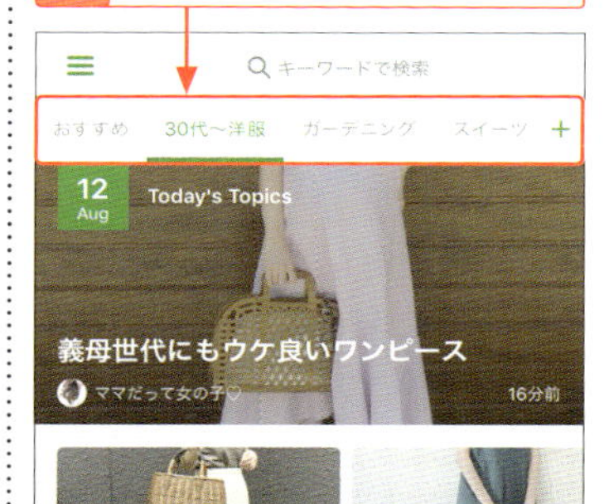

Hint 不要なタブを削除する

不要になったタブを削除するには、手順3の画面で削除したいタブの左側に表示される⊖をタップします。続いて、右側に表示される<削除>をタップし、<変更を保存する>をタップするとその項目が削除されます。

アプリから記事を投稿しよう

Amebaアプリは、ブログの閲覧だけでなく記事の投稿にも対応しています。さっそくスマートフォンから記事を投稿してみましょう。パソコンと同様に絵文字の入力も可能です。

1 スマートフォンから記事を投稿する

1 Amebaアプリを起動してホーム画面を表示します。

2 画面下部のメニューから<投稿>をタップします。

3 ✎をタップします。

4 お知らせが表示されたら、<閉じる>をタップします。

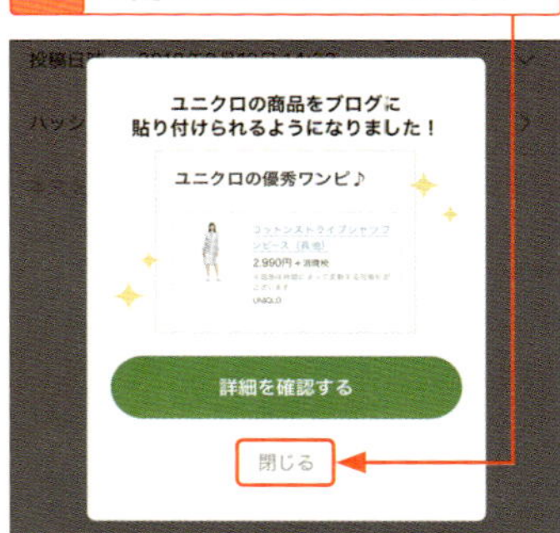

5 タイトルを入力して、テーマを設定したら、

6 本文入力欄をタップします。

7 本文を入力して、

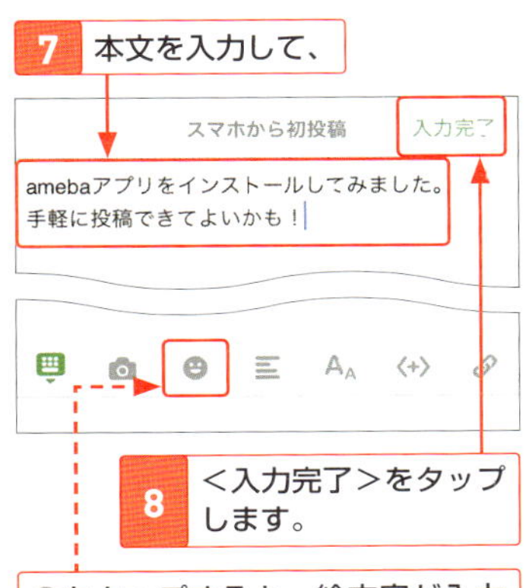

8 ＜入力完了＞をタップします。

☺をタップすると、絵文字が入力できます。

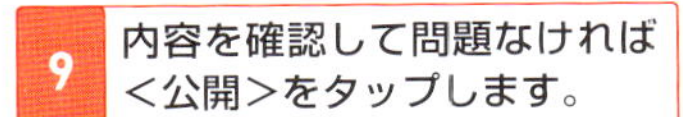

9 内容を確認して問題なければ＜公開＞をタップします。

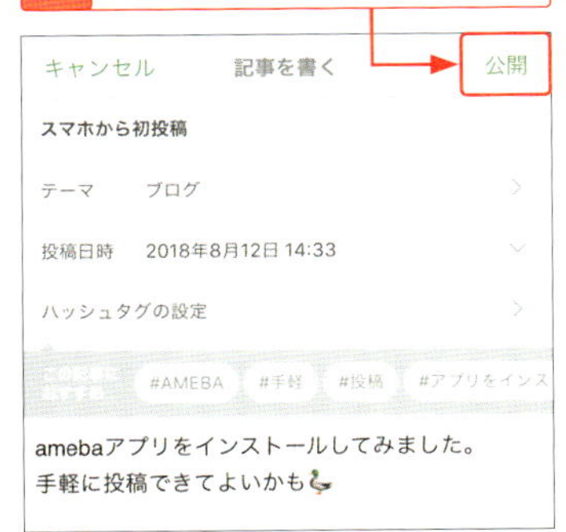

10 記事の公開方法をタップして選択します。

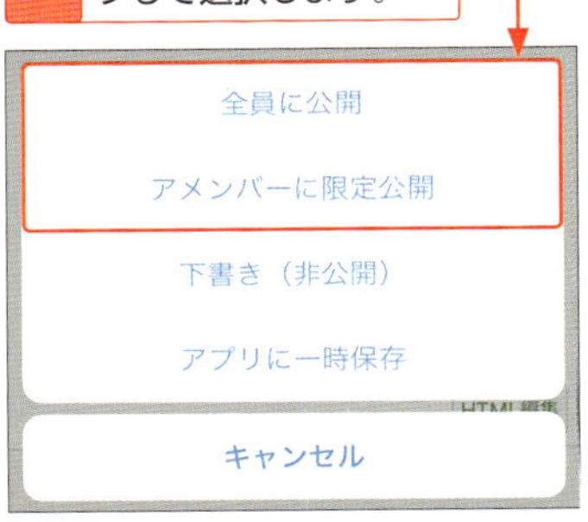

11 記事が公開されます。

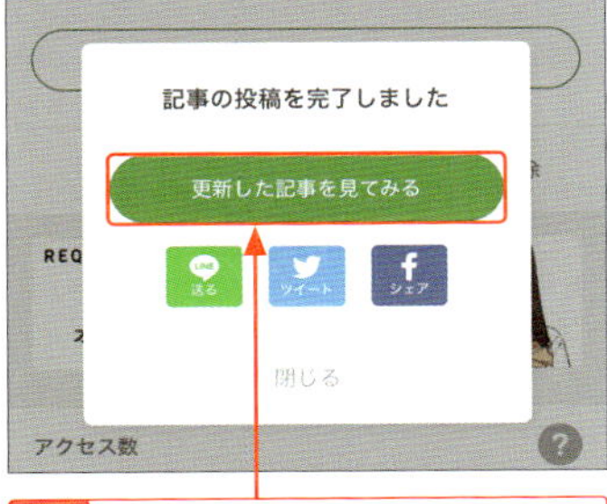

12 ＜更新した記事を見てみる＞をタップします。

13 公開した記事が表示されます。

記事を一時保存する

手順**10**で＜アプリに一時保存＞をタップすると、Amebaアプリに一時的に保存され、あとから編集して公開できます。アプリ内に保存したデータは、ブラウザーからはアクセスできないので注意が必要です。

Section 52

アプリでもTwitterと連携しよう

アプリから記事を投稿する際、Twitterにブログ公開ツイートを同時に投稿するには、アプリからTwitterとの連携を設定する必要があります。アプリからの投稿が多い場合は設定しておくとよいでしょう。

1 AmebaアプリとTwitterを連携させる

1 Amebaアプリを起動し、＜ブログ管理＞をタップします。

2 「ブログ管理」画面をスクロールして、画面下部の＜SNSアカウント連携＞をタップします。

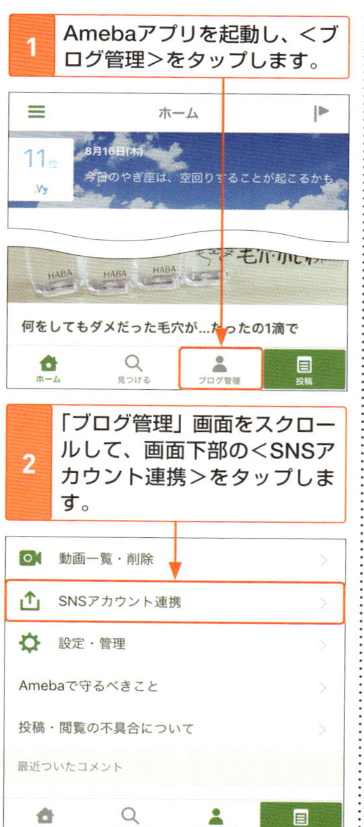

3 「Twitter連携」で「アカウント」の右側に表示されている＜連携していません＞をタップします。

SNSアカウント連携
Twitter連携
アカウント　連携していません
画像投稿
Twitterと連携すると、ブログ投稿時に記事が自動でシェ

4 Twitterのユーザー名とパスワードを入力し、

Ameba smartphoneにアカウントの利用を許可しますか？
Ameba smartphone
による 株式会社サイバーエージェント
www.ameba.jp
bn13up77
••••••••••••••
保存する・パスワードを忘れた場合はこちら
連携アプリを認証　キャンセル

5 ＜連携アプリを認証＞をタップします。

6 連携が完了すると、Twitterアカウントが表示されます。

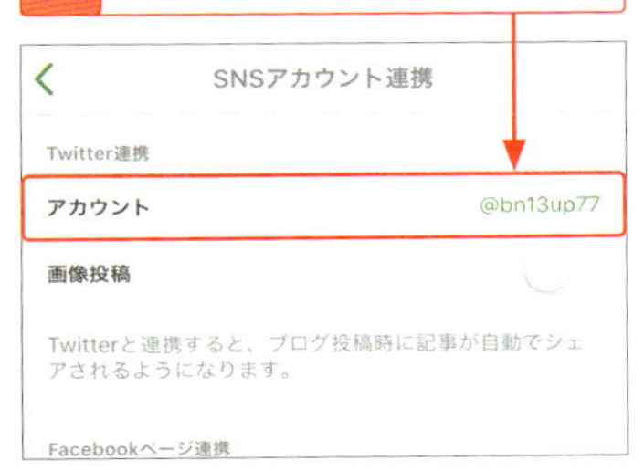

すでにTwitterアプリがインストールされている場合は、P.138手順**3**のあとに＜開く＞→＜連携＞をタップします。

7 投稿画面で をタップして、

8 ＜公開＞ボタンをタップすると、新着記事のお知らせがTwitterに自動で投稿されます。

Twitterへの投稿が有効になっている場合は、アイコンが水色で表示されます。

Hint

アカウント認証に失敗する場合

Amebaアプリから Twitter連携の設定を行うと、Twitter側の認証に失敗するケースがあります。Twitterのユーザー名とパスワードを正しく入力したにも関わらず認証に失敗する場合は、P.110を参考にパソコンのブラウザーでTwitterとの連携をいったん解除します。Amebaアプリで Twitter連携が完了したら、パソコンのブラウザーから再度Twitter連携を実行すれば、パソコンでもスマートフォンでもTwitterと連携できます。

クリップブログを投稿しよう

「クリップブログ」は、写真や短い動画をつなぎ合わせて1本のショートムービーのような記事を作成するAmebaアプリならではの機能です。スタンプやBGMを追加して楽しい動画を作りましょう。

1 動画や写真を追加する

1 P.136手順1～2の方法で投稿アイコンをタップし、

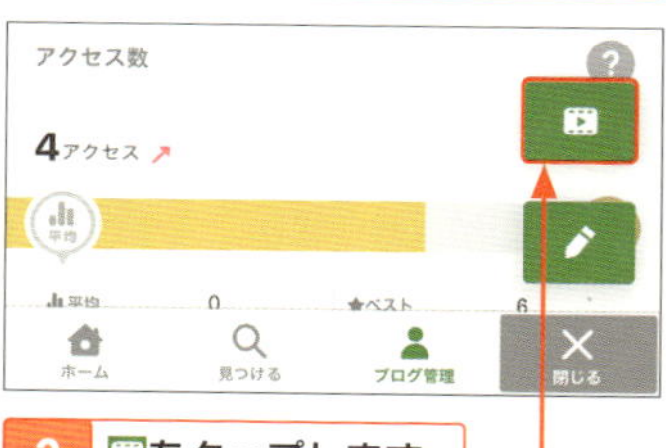

2 をタップします。

3 クリップブログ作成画面が表示されます。

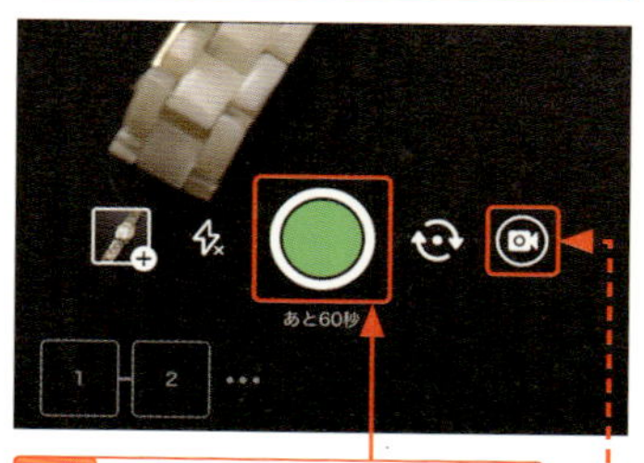

4 をタップすると、動画の撮影を開始します。

をタップしてアイコンがに変わると、静止画撮影モードになります。

5 をタップして撮影を止めます。

6 撮影したクリップは、撮影順に画面下部に並びます。

7 続けてほかのクリップを撮影、またはスマートフォンに保存済みの写真や動画を追加します。

アイコンの機能

アイコン	機能
（写真追加）	スマートフォンに保存した写真や動画を追加する
（フラッシュ）	フラッシュのオン／オフを切り替える
（カメラ切替）	メインカメラとフロントカメラを切り替える
（モード切替）	動画と写真の撮影モードを切り替える

2 クリップにスタンプや文字を追加する

1 編集するクリップをタップします。

2 編集画面に切り替わります。

3 画面下部のアイコンをタップして編集します。ここでは＜スタンプ＞をタップします。

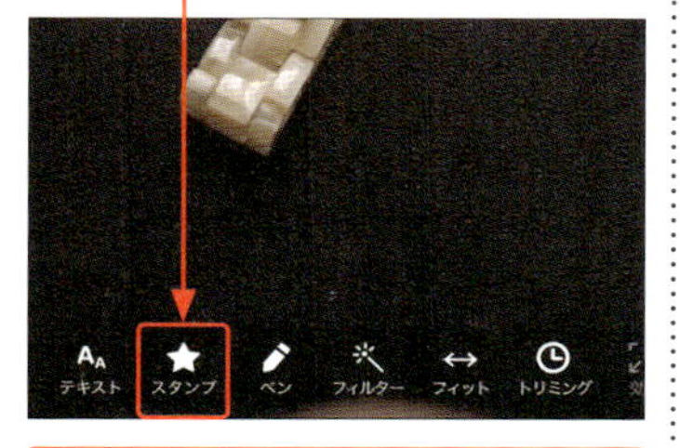

4 画面下部のアイコンをタップしてスタンプの種類を選択し、

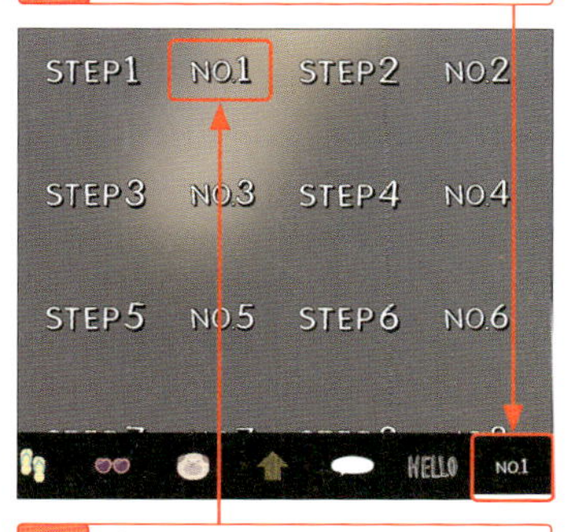

5 追加するスタンプをタップします。

6 追加したスタンプは、タッチしたままドラッグして好きな場所に移動できます。

7 ＜テキスト＞をタップします。

8 色を選んで、

9 テキストを入力します。

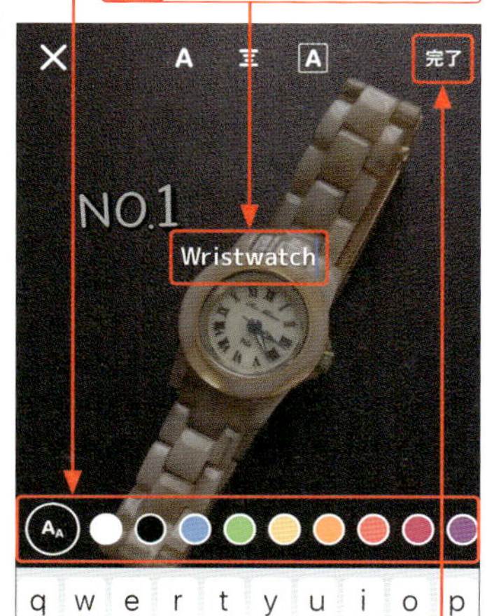

10 ＜完了＞をタップして、＜適用＞をします。

クリップごとに手順1～10を繰り返して編集します。

③ タイトルやBGMを追加する

1 すべてのクリップの編集が終わったら、画面上部の<プレビュー>をタップします。

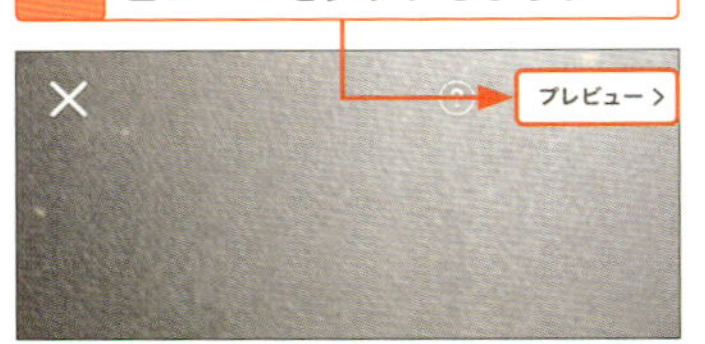

プレビュー画面では、動画をプレビューするほかにオープニング、エンディング、BGMの追加ができます。

2 <オープニング>をタップして、

3 オープニングの種類をタップして選択します。

4 動画撮影時の音声を消したい場合は、<音声ON >をタップしてオフにします。

5 オープニングを選択したら、<BGM >をタップして、

6 BGMのサムネイルをタップして曲を選択します。

7 <エンディング>をタップしてから、

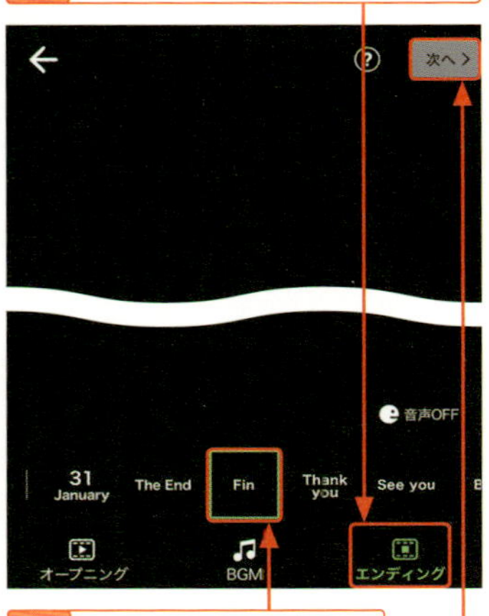

8 エンディングの種類をタップして選びます。

9 すべての設定が完了したら<次へ>をタップします。

4 クリップブログを投稿する

1 P.142手順 **9** で＜次へ＞をタップすると、投稿画面に切り替わります。

2 クリップブログの初期設定では、タイトルに作成日が挿入されます。

3 タイトルやテーマ、ハッシュタグなどを設定して、

4 ＜公開＞をタップします。

5 公開方法をタップします。

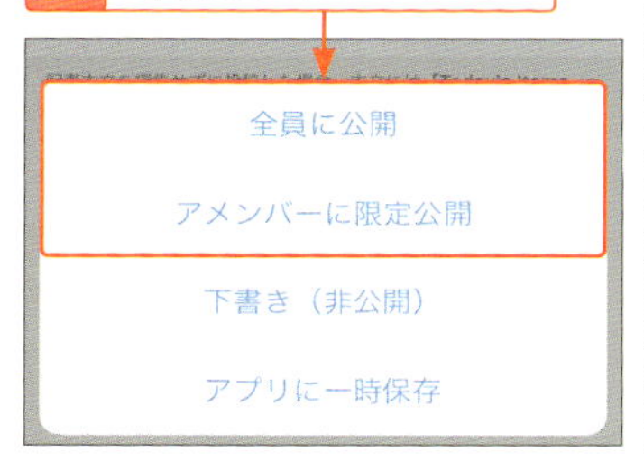

6 投稿したクリップブログは動画として公開されます。

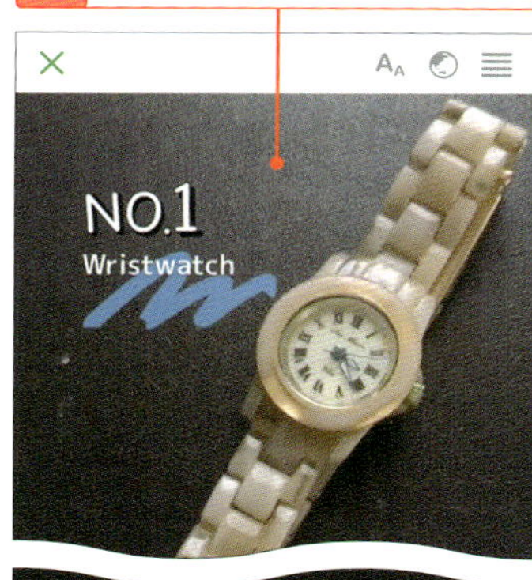

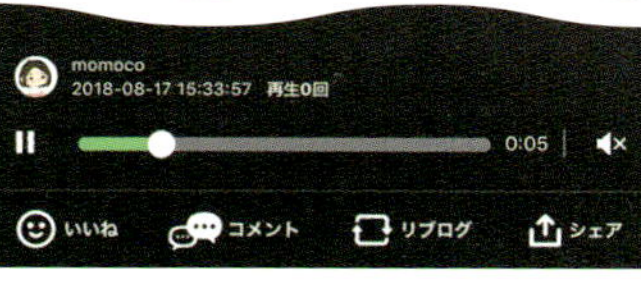

記事で詳しく書く

手順 **1** の画面で＜記事で詳しく書く＞をタップすると、クリップごとに本文を追加して記事を作成できます。

Section 54

記事に写真やインスタグラムの投稿を載せよう

Amebaアプリを使うメリットの1つに、スマートフォンで撮影した写真をすぐにブログにアップできることが挙げられます。また、インスタグラムに投稿した写真をブログに貼り付けることも可能です。

1 画像付きの記事を投稿する

1 ホーム画面下部のメニューから<投稿>をタップして、

2 ✎をタップします。

3 「記事を書く」画面に切り替わったら、

4 タイトルを入力してテーマを設定し、

5 本文入力欄をタップします。

6 本文を入力して、

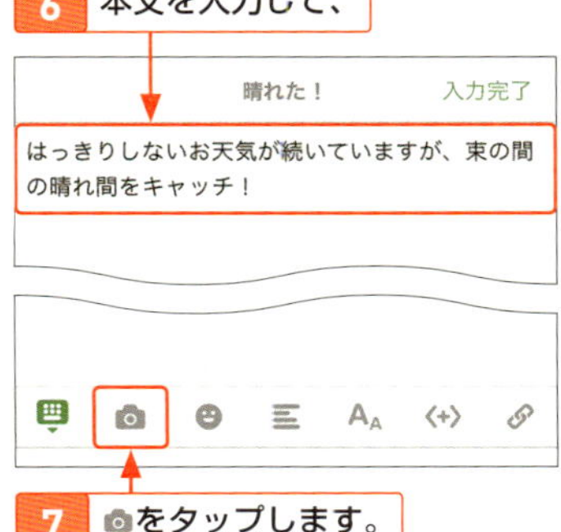

7 📷をタップします。

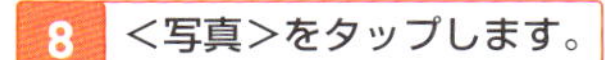

8 <写真>をタップします。

9 投稿したい写真をタップして選択し、

10 <貼付け>をタップします。

11 記事中に写真が挿入されたことを確認し、

12 <入力完了>をタップします。

13 すべての入力ができたら、公開方法を選択し、<公開>をタップします。

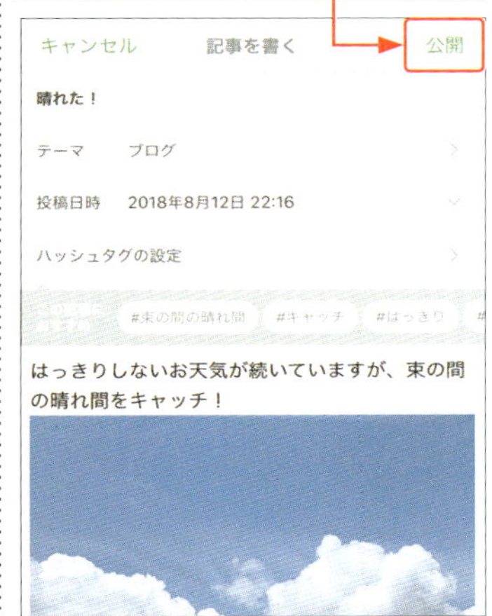

その場で撮った写真を投稿する

ここではスマートフォンに保存された写真を記事に挿入しましたが、手順**9**の画面左下部にある📷をタップするとカメラが起動し、その場で撮影した写真を掲載できます。

② 記事にインスタグラムの写真を貼り付ける

1 P.144手順 1 ～ 5 の方法で本文入力欄を表示します。

2 必要に応じて本文を入力し、

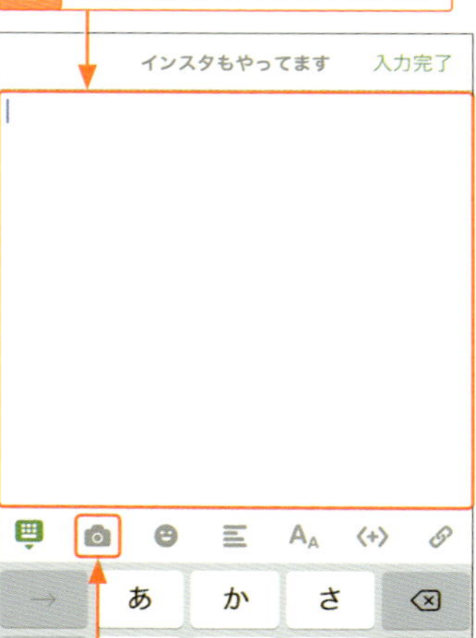

3 をタップします。

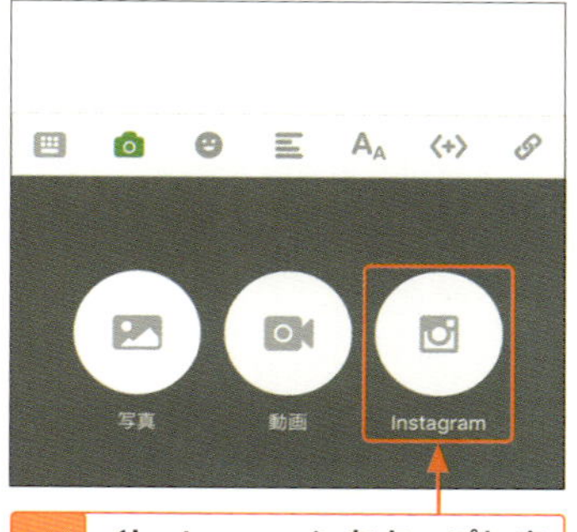

4 ＜Instagram ＞をタップします。

5 「インスタグラム認証」画面が表示されたら、

6 ユーザー名とパスワードを入力して、

7 ＜ログイン＞をタップします。

8 認証を確認する画面が表示されたら、内容を確認して＜Authorize ＞をタップします。

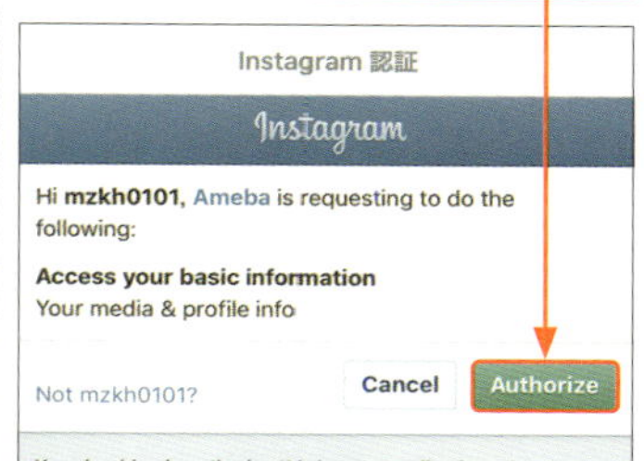

9 インスタグラムの写真一覧が表示されます。

10 記事に貼り付けたい写真をタップして選択し、

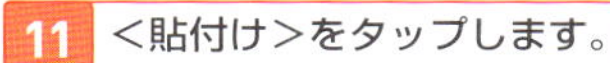

11 <貼付け>をタップします。

12 本文入力欄に図のようなサムネイルが表示されます。

13 <入力完了>をタップします。

14 「記事を書く」画面に戻ったら、

15 <プレビュー>をタップします。

16 プレビュー画面に手順**10**で選択した写真が貼り付けられたことを確認して、<公開>をタップします。

アプリに記事を保存しよう

アプリで作成した記事を公開せずに保存するには、「下書き（非公開）」または「アプリに一時保存」があります。ここでは、アプリ限定の機能「アプリに一時保存」について解説します。

1 記事を保存する

1 Amebaアプリでブログ記事を作成して、

2 <公開>をタップします。

3 <アプリに一時保存>をタップします。

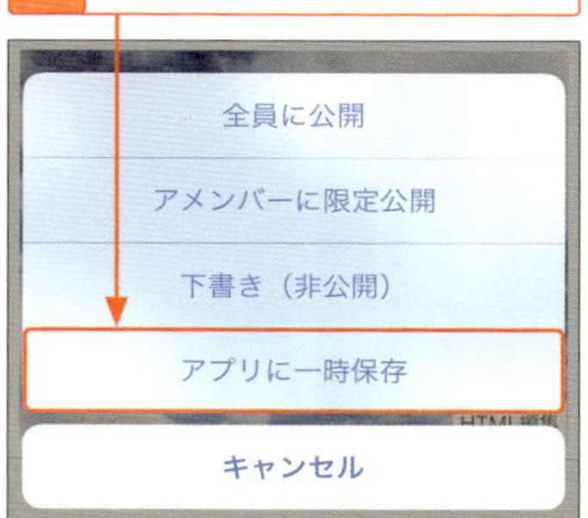

4 記事がアプリに保存されます。

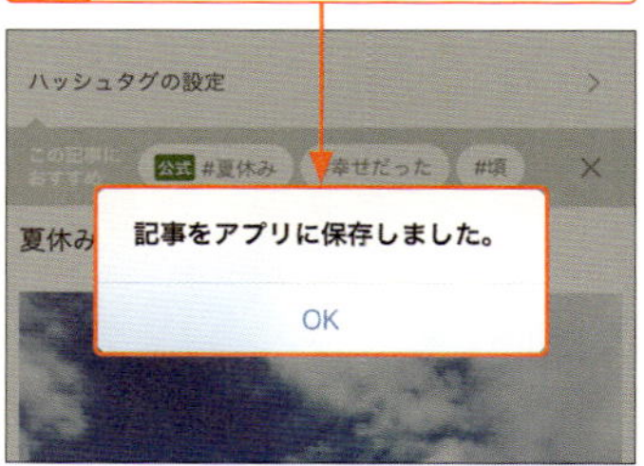

下書きとの違い

「アプリに一時保存」と「下書き（非公開）」の違いは、記事を保存する場所です。アメブロのサーバーに保存される「下書き」に対して、「アプリに一時保存」ではスマートフォン上のアプリ内に保存されます。そのため、「アプリに一時保存」するとパソコンからはアクセスできません。保存した記事をパソコンでも編集したいときは、「下書き」を選択しましょう。

② アプリに保存した記事を表示する

1 Amebaアプリを起動して、画面下部のメニューから＜ブログ管理＞をタップします。

2 「ブログ管理」画面で＜アプリ保存記事＞をタップします。

3 P.148手順 1 ～ 3 で保存した記事をタップします。

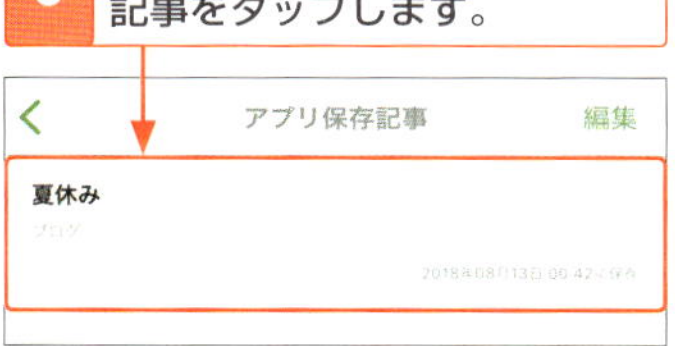

保存した記事を削除するには、＜編集＞をタップして、次の画面で削除する記事を選択してから🗑をタップします。

4 記事の編集画面が表示されます。

5 必要に応じて記事を編集し、記事を公開することも可能です。

投稿時間

「アプリに一時保存」や「下書き」に保存しておいた記事を改めて公開する場合、初期状態では記事を保存した日時で投稿されます。現在の日時で投稿したいときは、編集画面で投稿日時の右側にある∨をタップしてから＜現在時刻＞→＜完了＞をタップします。

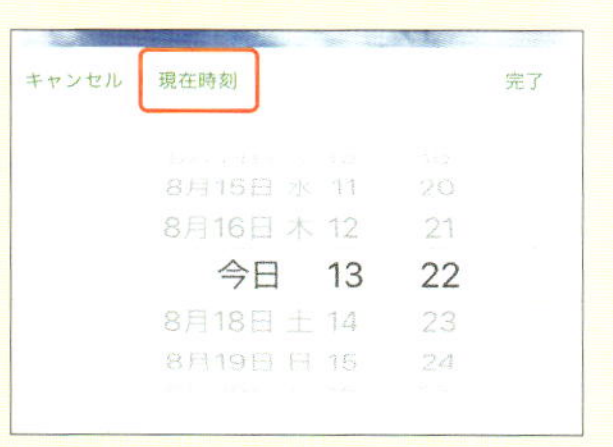

スマートフォン用のデザインを設定しよう

Amebaアプリを使って、スマートフォン版のブログデザインを設定しましょう。変更したデザインは、スマートフォン用のブログ画面にのみ反映され、パソコンのブラウザーには影響しません。

1 ブログのデザインを変更する

1 Amebaアプリを起動し、<ブログ管理>をタップします。

2 画面を上方向にスクロールして、<デザイン・レイアウトの変更>をタップします。

ブログ管理
いいね！された記事
リブログされた記事
デザイン・レイアウトの変更
ブログネタ一覧
動画一覧・削除

3 デザインを選択します。ここでは、画面下部にある「デザインカテゴリ」欄から<イラスト>をタップします。

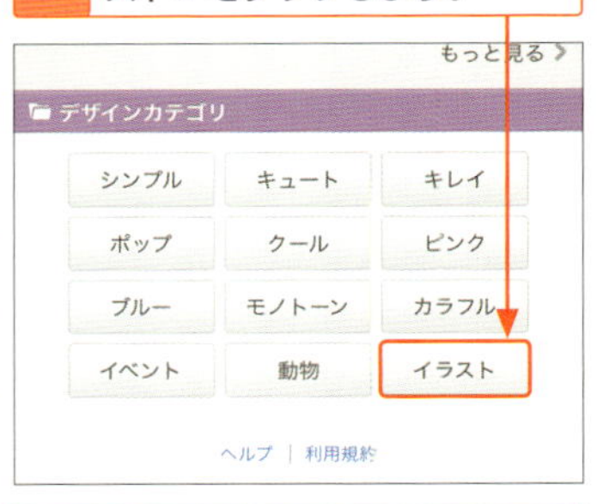

4 選択したカテゴリのデザインが表示されるので、設定したいデザインをタップします。

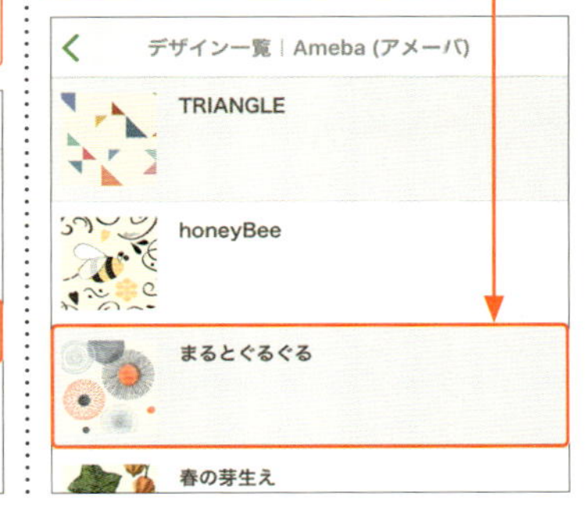

5 デザインのプレビューが表示されます。

ほかのデザインも見たいときは、◀や▶をタップします。

6 デザインが決まったら<確認>をタップします。

7 デザインのレイアウトを選択して、

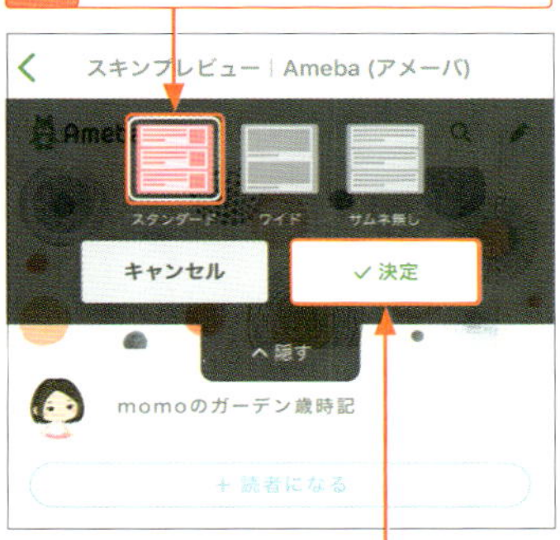

8 <決定>をタップします。

9 設定が適用されたことを確認して、

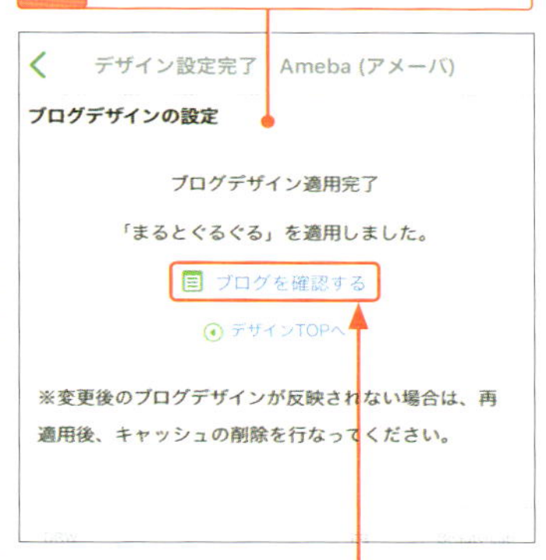

10 <ブログを確認する>をタップします。

11 ブログのトップページが表示され、デザインの変更を確認できます。

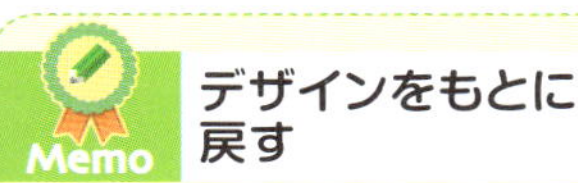

Memo

デザインをもとに戻す

デザインを変更したあとで、初期のデザインに戻す場合は、P.150手順3の画面で<シンプル>をタップし、デザイン一覧から<シンプルスタンダード>を選択します。

アプリで通知を設定しよう

スマートフォンのアプリならではの機能の1つが「通知」です。Amebaアプリでは、アメブロのほかアメーバのサービスに関連する通知がプッシュとEメールで受信できます。

1 プッシュ通知の設定をする

プッシュ通知は、スマートフォンやパソコンでメッセージの着信やアプリのアップデートなどのお知らせをリアルタイムに表示する機能です。便利な反面、通知の情報量が多くなると重要な情報を見逃しやすくなることもあるので、受け取る通知を選択しておきましょう。

1 Amebaアプリを起動し、≡ をタップします。

2 <設定・ヘルプ>をタップして、

3 「設定」画面で<プッシュ通知>をタップします。

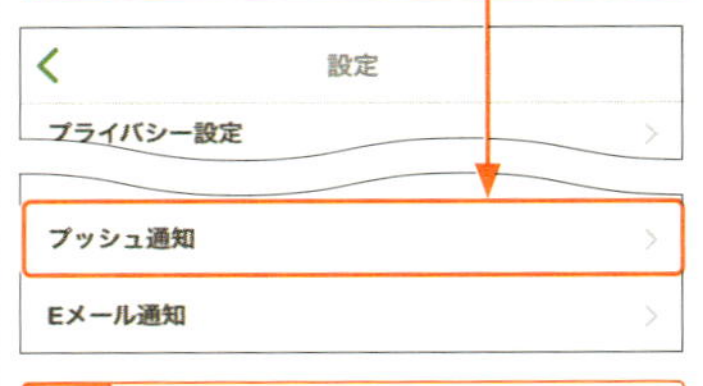

4 初期設定では、すべての通知がオンになっているので、不要な項目の をタップしてオフにします。

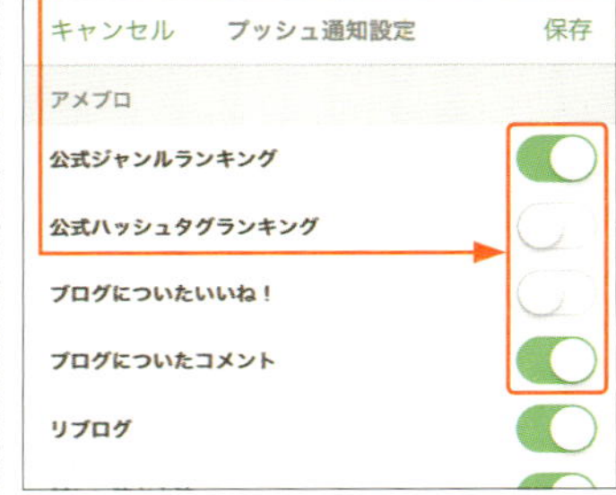

② Eメール通知の設定をする

Eメール宛ての通知は、友だち申請やトーク、承認や返信といったアクションが必要な項目を中心にオン／オフの切り替えが可能です。また、Eメールでの通知が不要な場合は、Eメール通知自体をオフにしておくとよいでしょう。

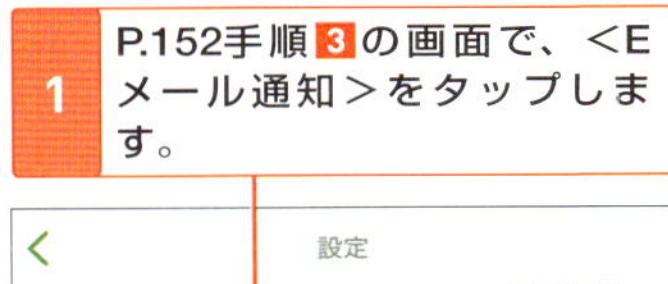

1 P.152手順3の画面で、<Eメール通知>をタップします。

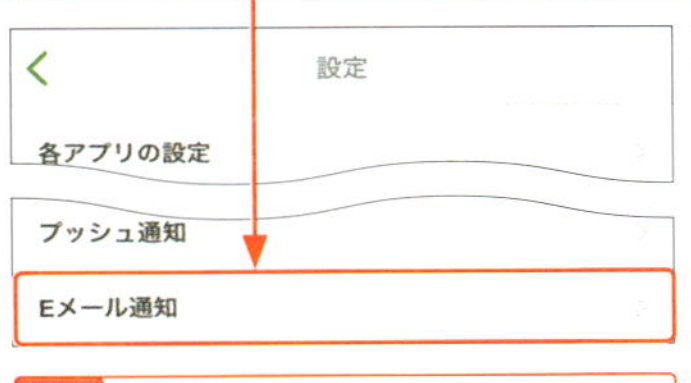

2 設定項目の右側にある✔をタップして、通知のオン／オフを切り替えます。

3 Eメール通知をすべてオフにするには、<受け取る>をタップし、

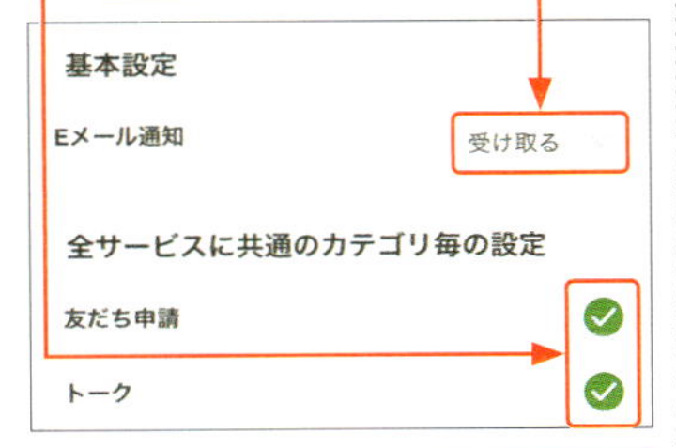

4 画面下部のメニューから<受け取らない>をタップして、

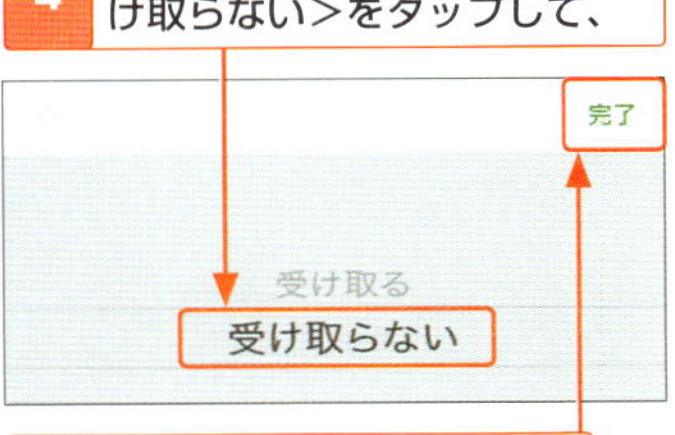

5 <完了>をタップすると、

6 Eメール通知がオフになります。

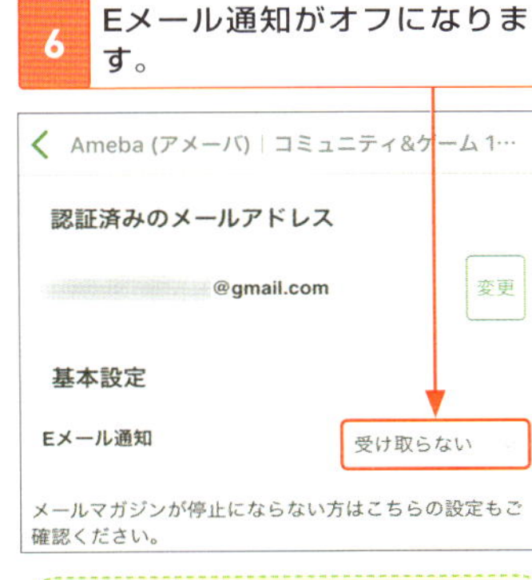

フォローしたブログの通知を設定する

友だちのブログやお気に入りのブログ、自分がフォローしたブログの更新情報の通知を受け取りたい場合は、P.152手順4の画面で<更新通知を受け取るブログ一覧>をタップして、ブログごとにプッシュ通知やメール通知を設定します。

読者になったブログの設定
チェックリストで困ったときは
ameame-nanakoのブログ
プッシュ通知
メール通知
読者登録を解除する

6 スマートフォンからアメブロを使おう

アプリでログイン・ログアウトしよう

スマートフォンでアメブロの作成や管理を行う場合は、Amebaアプリでログインする必要があります。また、Amebaサイトと同様に、しばらくアプリを利用しない場合は、ログアウトしましょう。

1 Amebaアプリでログイン・ログアウトする

ログインする

1 Amebaアプリを起動し、初期画面で<ログインはこちら>をタップします。

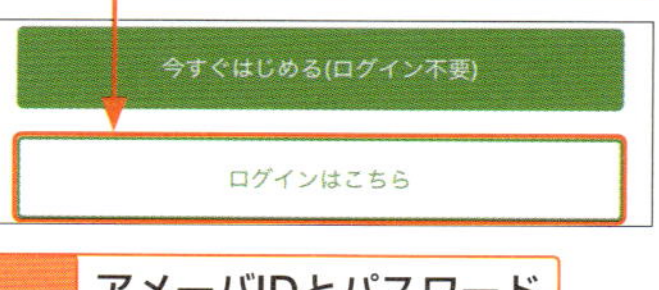

2 アメーバIDとパスワードを入力して、

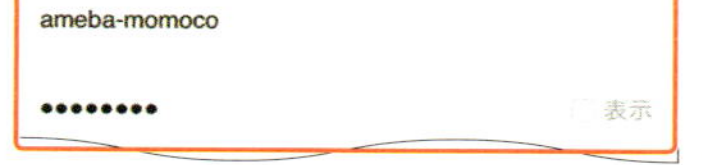

3 ログインをタップすると、ログインできます。

ログアウトする

1 ホーム画面左上部の≡→ユーザー名右側の∨をタップして、

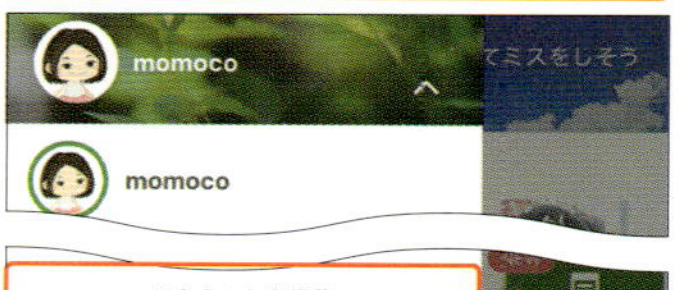

2 画面下部の<アカウントを編集>をタップします。

3 ⊖をタップして、次の画面で<非表示>をタップすれば、ログアウトが完了します。

Memo Android版Amebaアプリでログアウトする

Android版Amebaアプリからログアウトする場合は、ホーム画面から≡をタップしてメニューを表示し、<設定・お問い合わせ>→<ログアウト（ユーザーの切り替え）>の順にタップします。

第7章

アメブロでアフィリエイトに挑戦しよう

Section 59

アメブロでできるアフィリエイトのしくみ

アメブロには、ブログ自体にアフィリエイト機能があるため、手軽にアフィリエイト記事を書くことができます。ブログで商品やサービスを紹介して、お得なポイントを貯めていきましょう。

1 アフィリエイトとは？

「アフィリエイト」は、ブログ記事で紹介した商品やサービスに紐付いた商品リンクを記事内に貼り付けて、読者がその記事から商品を購入した場合に報酬が発生するしくみです。アメブロでは、「楽天」、「Amazon」、「ユニクロ」の商品へのリンクを貼る機能が用意されているため、かんたんにアフィリエイト記事が書けるようになっています。読者が記事内のリンクから商品を購入すると、報酬として「マネー」（P.157参照）をもらうことができます。

アフィリエイトの流れ

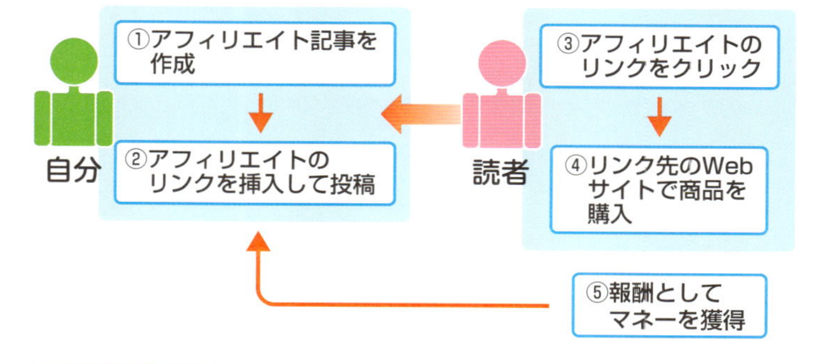

アフィリエイト記事の例

本や映画の感想を書いた記事は、アフィリエイトの定番です。右の記事では、Amazonの商品リンクを貼り付けています。

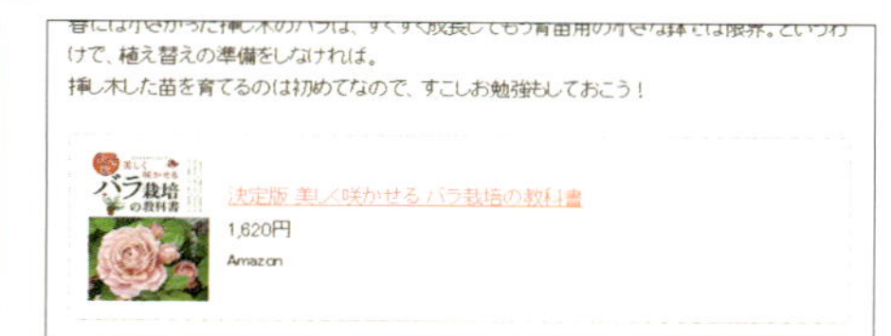

2 報酬のしくみ

アフィリエイトで得た報酬は、「.money（ドットマネー） by Ameba」というWebサービスを通じて「マネー」として貯まります。このアメブロのアフィリエイト報酬を管理する「ドットマネー」は、提携サービスのポイントを1箇所にまとめて現金やギフト券に交換できるポイント交換サービスで、パソコンからは「https://d-money.jp/」、スマートフォンからは＜ Ameba ＞アプリから利用できます。

交換レートと交換予定日

「マネー」として得た報酬は下記の条件で、現金やギフト券などと交換できます。現金と交換する場合、都市銀行金融機関によって最低交換額が変わります。また、ドコモのdポイントやauのWALLETポイント、JALやANAのマイルなど、さまざまなポイントサービスと提携しています。Ameba内で使えるコインに交換することもでき、その場合は通常購入よりお得に交換できます。ただし、ドットマネーのポイント交換には有効期限があるので注意しましょう。

	レート	最低交換額	交換予定日	備考
現金1	1000マネー→1000円	1000マネー	5営業日以内（土日祝除く） *ゆうちょ銀行のみ7営業日以内（土日祝除く）	三菱UFJ銀行、三井住友銀行、みずほ銀行、ゆうちょ銀行、楽天銀行
現金2	2000マネー→2000円	2000マネー	5営業日以内（土日祝除く）	住信SBIネット銀行、ジャパンネット銀行、新生銀行 ほか
Amazonギフト券	297マネー→300円分	297マネー	3営業日以内（土日除く）	常に1%お得
iTunesギフト券	490マネー→500円分	490マネー	3営業日以内（土日除く）	常に2%お得

Section 60

紹介したい商品を探して記事に貼り付けよう

アメブロでは、記事内にAmazon、楽天、ユニクロの商品リンクを追加できます。「ブログを書く」画面から直接商品を検索できるので、各ウェブサイトからコードをコピーする必要もありません。

1 アフィリエイト記事を書く

1 「ブログを書く」画面で記事の内容を入力し、

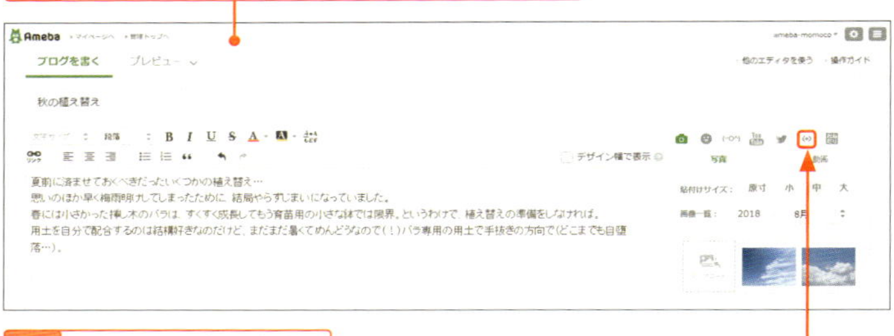

2 ⟨•⟩をクリックします。

3 Amazonのアイコンをクリックし、

4 カテゴリーとキーワードを入力して、

5 ＜検索＞をクリックします。

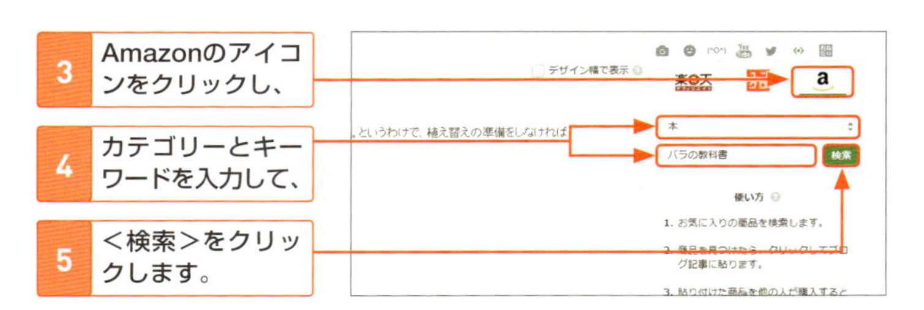

Memo 商品情報を確認する

P.159手順6で ⧉ クリックすると、通販サイトの商品ページが表示されます。商品の基本情報やレビューなどを確認できるので、記事に貼る前に一度目を通しておくとよいでしょう。

6 検索結果が表示されるので、記事に貼り付けたい商品名またはサムネイルをクリックすると、

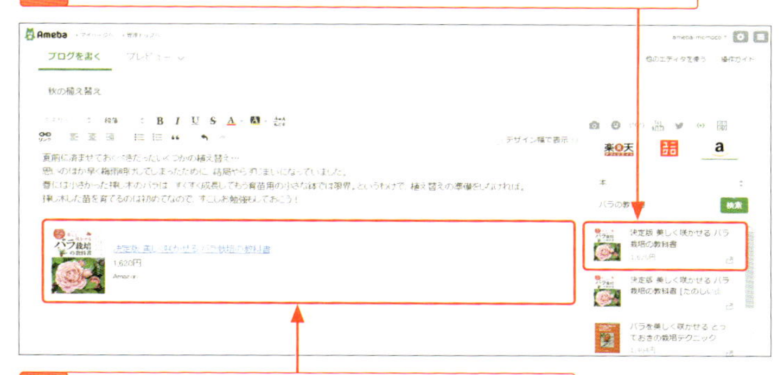

7 本文にアフィリエイト用のリンクが挿入されます。

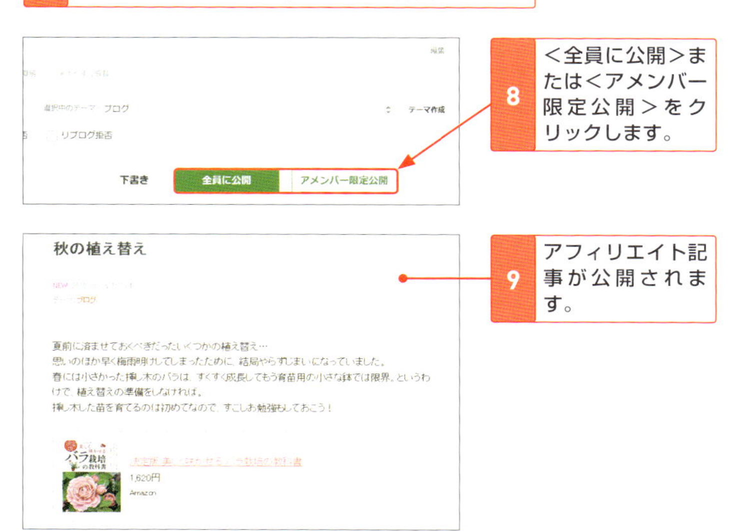

8 <全員に公開>または<アメンバー限定公開>をクリックします。

9 アフィリエイト記事が公開されます。

Memo アフィリエイトリンクは転用しない

アフィリエイト用のリンクは、作成したアメブロのアカウント内でのみ利用できます。ほかのIDのアメブロや、ほかのブログサービスなどに貼り付けることは、禁止されています（P.169参照）。

商品を買ってもらいやすい記事のコツ

記事に貼った商品リンクにリーチしてもらうには、読者にとって魅力的で役立つ内容の記事を投稿することが重要です。その上で、ブログのテーマや検索されやすいキーワードを設定するのがコツです。

1 魅力的な記事を作成するポイント

ブログを始めるときは、自分の趣味や得意な分野をテーマに選ぶと書きやすく、継続しやすくなります。また、読者にとって役立つ情報が含まれていて、読みやすく簡潔な文章であることも大切です。ブログは続けることが重要です。まずは、長く続けられそうなテーマを見つけ、気軽に書いてみましょう。

ブログテーマの例

・オリジナル料理のレシピ	・美容と健康によいもののレビュー
・子どもと楽しむアウトドア	・プチプライスでできるコーディネイト

ブログは「毎日更新」を目標に

ブログは更新すればするほど、読者の目に触れやすくなります。1日に何度も投稿する必要はありませんが、「1日1更新」を目標に、記事を投稿してみましょう。

蕾が出てきました

もう少しでお花が咲きそう！
楽しみだなぁ

読者の目線で考えよう

読者は、通勤や通学の合間など、ちょっとした空き時間などを使って記事を読んでいます。長すぎず、簡潔で読みやすい文章を心がけましょう。
また、自分も誰かの読者になりましょう。読者登録した相手も、自分のブログの読者になってくれるかもしれません。

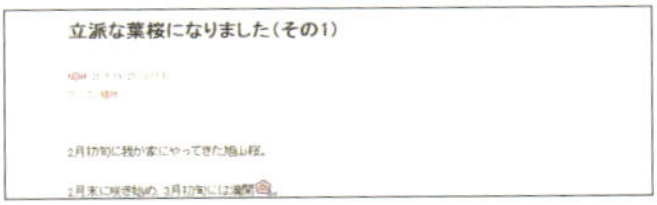

立派な葉桜になりました（その1）

立派な葉桜になりました（その2）

② 記事が発見されやすいように工夫する

商品リンクをクリックしてもらうには、まずブログを読みに来てもらうことが先決です。多くの場合、人は検索サイトを通じてさまざまな Web サイトに訪問します。そこで、検索されやすいキーワードを追加しましょう。キーワードは、タグとして登録するだけでなく、タイトルに含めることで、より検索されやすくなります。また、Web 検索をするのは、知りたい情報や解決したい悩みがあるときがほとんどなので、そうしたニーズに応えるような記事を作成することも重要です。

タグを追加する

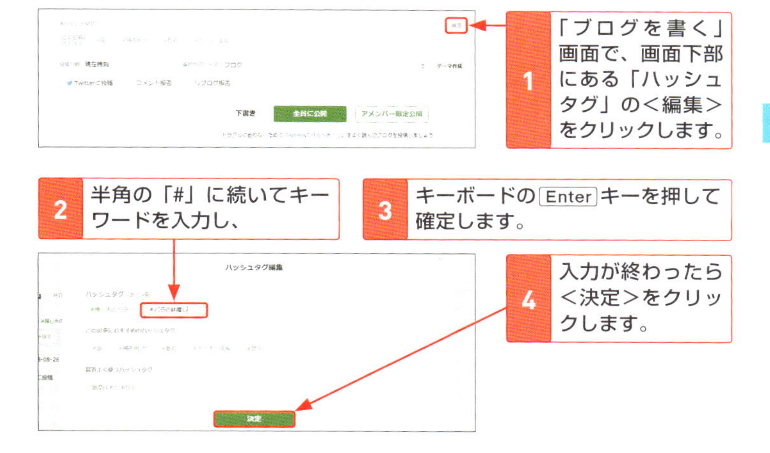

1 「ブログを書く」画面で、画面下部にある「ハッシュタグ」の＜編集＞をクリックします。

2 半角の「#」に続いてキーワードを入力し、

3 キーボードの Enter キーを押して確定します。

4 入力が終わったら＜決定＞をクリックします。

SNS と連携する

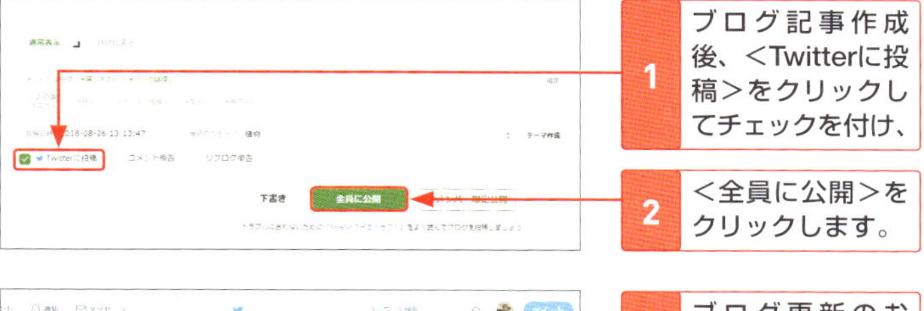

1 ブログ記事作成後、＜Twitterに投稿＞をクリックしてチェックを付け、

2 ＜全員に公開＞をクリックします。

3 ブログ更新のお知らせが、ハッシュタグ付きでTwitterに投稿されます。

Section 62

成果報酬を確認しよう

アメブロの記事に追加したアフィリエイトの売り上げや報酬は、ドットマネーのWebサイトで確認できます。初めてドットマネーを利用する際は、Amebaアカウントを使ってログインします。

1 ドットマネーにログインする

1 ドットマネーのWebサイト（https://d-money.jp/）にアクセスし、

2 ＜新規登録・ログイン＞をクリックします。

3 ＜ログイン＞をクリックします。

4 Amebaのアカウント名とパスワードを入力して、

5 ＜ログイン＞をクリックします。

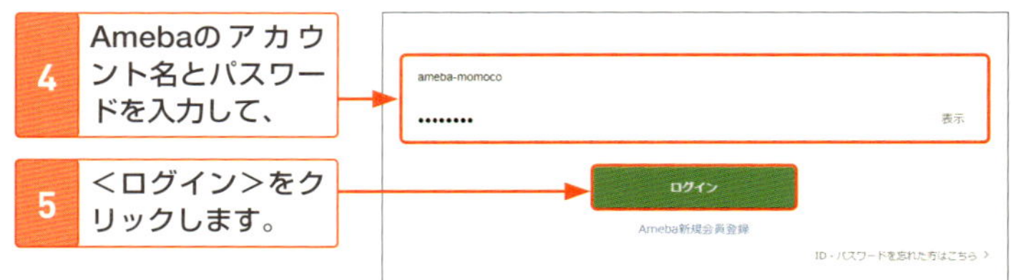

❷ ブログアフィリエイト履歴を確認する

1 P.162を参考にドットマネーのトップページを表示して、<ドットマネー通帳>をクリックします。

2 「ドットマネー通帳」画面の右下部にある<ブログアフィリエイト履歴>をクリックします。

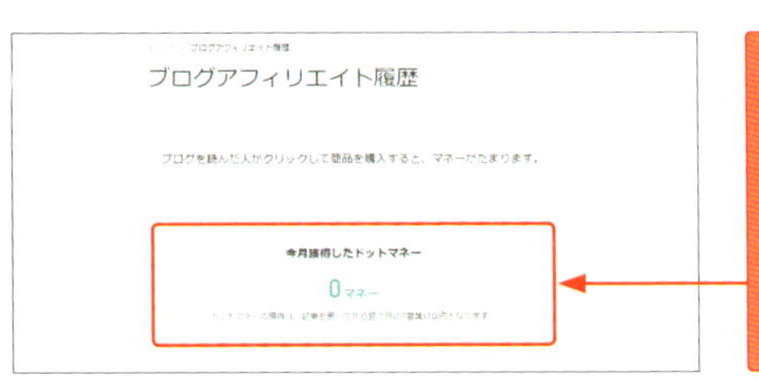

3 「ブログアフィリエイト履歴」画面では、アフィリエイトで獲得したドットマネーのポイント(マネー)数や獲得履歴が閲覧できます。

Memo ドットマネー通帳とは

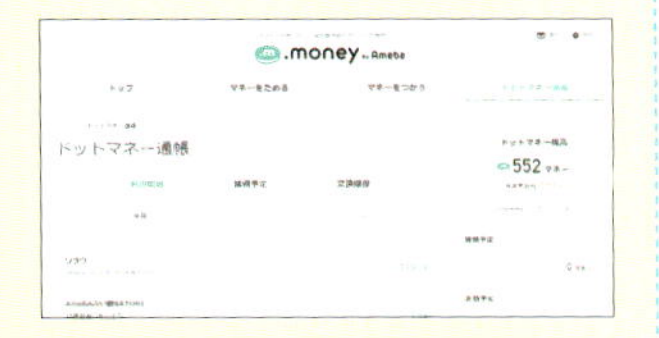

「ドットマネー通帳」は、ドットマネーで獲得、またはほかのポイントサービスから交換した「マネー」と呼ばれるポイントの残高や取引履歴などの記録が確認できるページです。獲得予定ポイントや、マネーから現金やギフト券などへのポイント交換履歴などもここで見ることができます。

Section 63

マネーを使ったり現金に換金したりしよう

ドットマネーに貯まったマネーは、ギフト券やほかのサービスのポイントとの交換や現金に換金できます。ここでは、マネーをギフト券に交換する手順と現金に換金する手順をそれぞれ解説します。

1 マネーを使用する

ギフト券との交換を申し込む

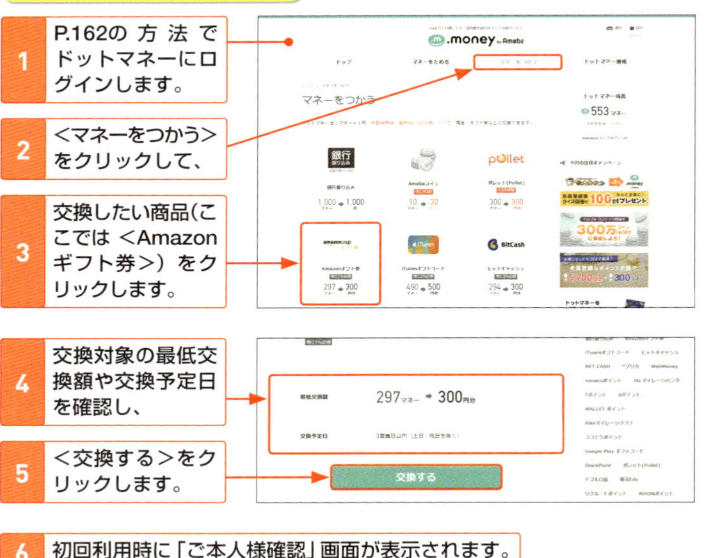

1 P.162の方法でドットマネーにログインします。

2 <マネーをつかう>をクリックして、

3 交換したい商品（ここでは <Amazonギフト券>）をクリックします。

4 交換対象の最低交換額や交換予定日を確認し、

5 <交換する>をクリックします。

6 初回利用時に「ご本人様確認」画面が表示されます。

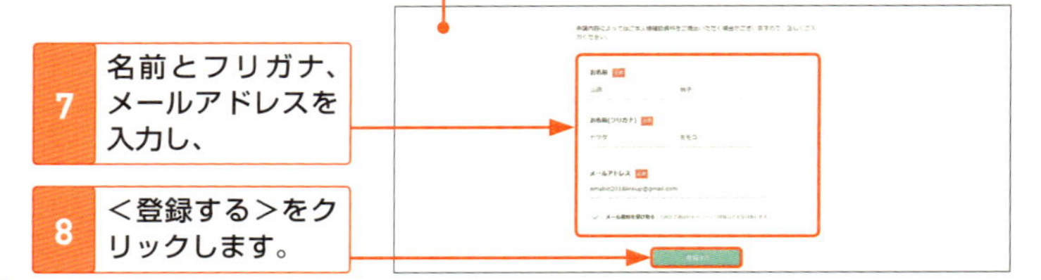

7 名前とフリガナ、メールアドレスを入力し、

8 <登録する>をクリックします。

7 アメブロでアフィリエイトに挑戦しよう

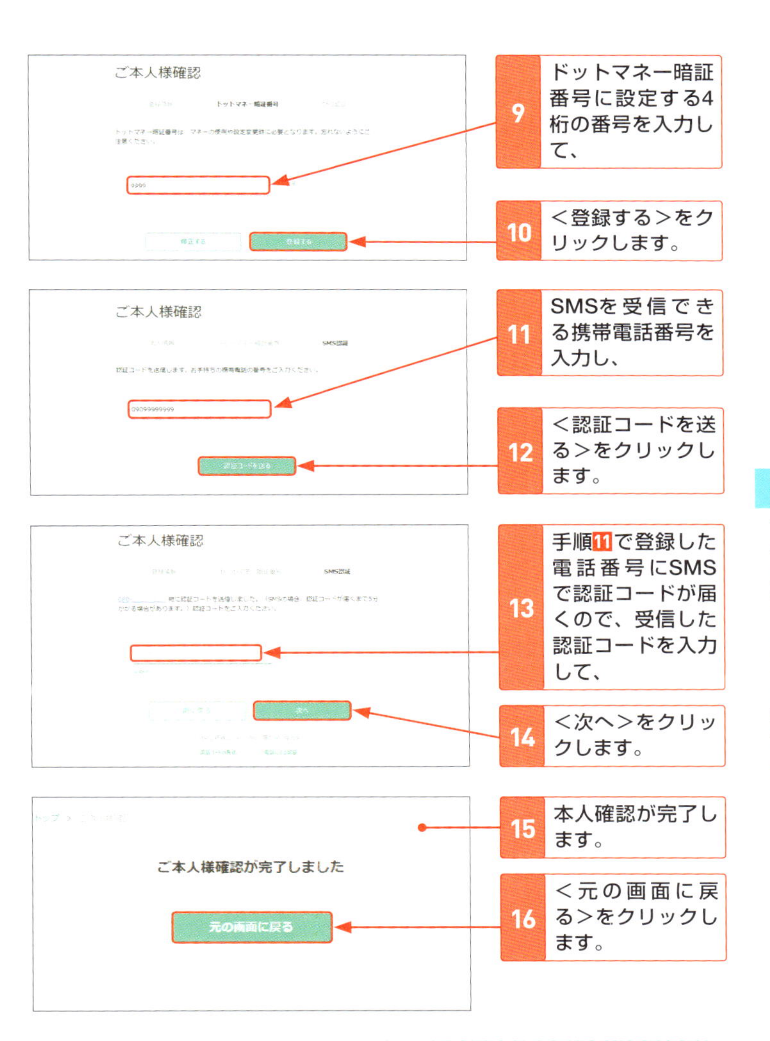

ご本人様確認
トットマネー暗証番号
9999
登録する
9 ドットマネー暗証番号に設定する4桁の番号を入力して、
10 ＜登録する＞をクリックします。
ご本人様確認
SMS認証
09099999999
11 SMSを受信できる携帯電話番号を入力し、
12 ＜認証コードを送る＞をクリックします。
ご本人様確認
SMS認証
次へ
13 手順11で登録した電話番号にSMSで認証コードが届くので、受信した認証コードを入力して、
14 ＜次へ＞をクリックします。
ご本人様確認が完了しました
元の画面に戻る
15 本人確認が完了します。
16 ＜元の画面に戻る＞をクリックします。

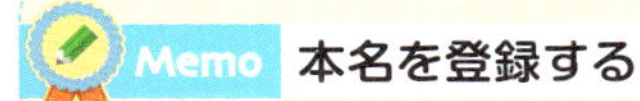

本名を登録する

ドットマネーで換金した現金を振り込む場合、振込先の口座名義はP.164手順6～8で設定した本人名義の口座以外は指定できません。本人確認に際に偽名を登録すると銀行振込できなくなるので注意しましょう。

17 「交換情報の入力」画面が表示されるので、「交換マネー数」に交換するマネーの数値を入力し、

18 交換先での交換額を確認して、＜確認する＞をクリックします。

19 内容を確認後、「交換情報の確認」画面で＜申請する＞をクリックすると、申し込みが完了します。

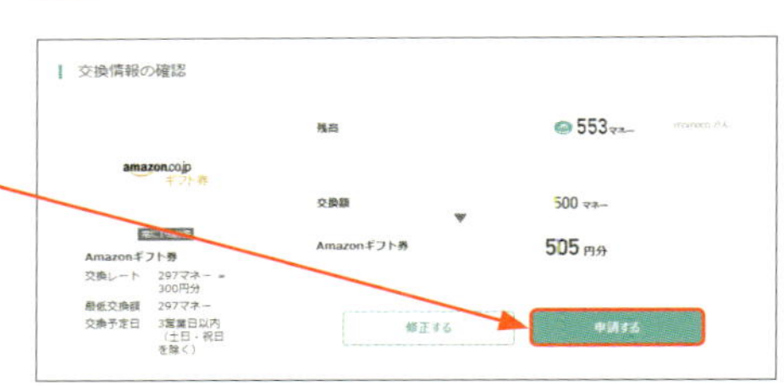

申し込んだギフト券を確認する

1 ドットマネーのトップページで＜ドットマネー通帳＞をクリックします。

2 ＜交換履歴＞をクリックすると、

3 P.164 ～ 166で申し込んだギフト券が「承認」になっていることが確認できます。

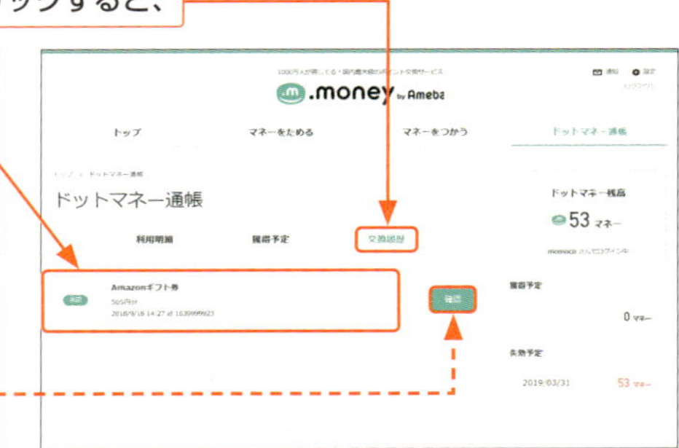

＜確認＞をクリックし、暗証番号を入力すると、ギフト券を利用することができます。

2 現金に換金する

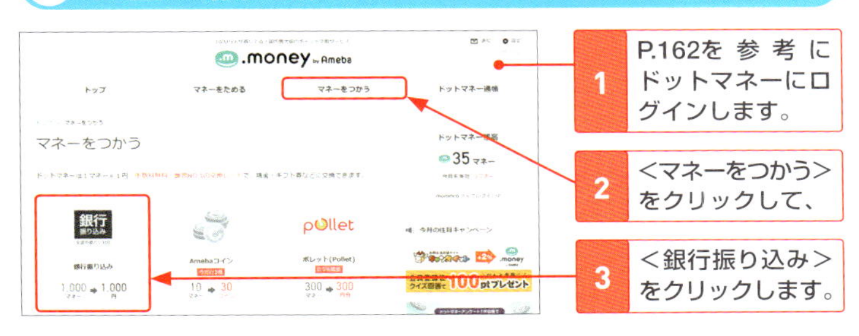

1 P.162を参考にドットマネーにログインします。

2 ＜マネーをつかう＞をクリックして、

3 ＜銀行振り込み＞をクリックします。

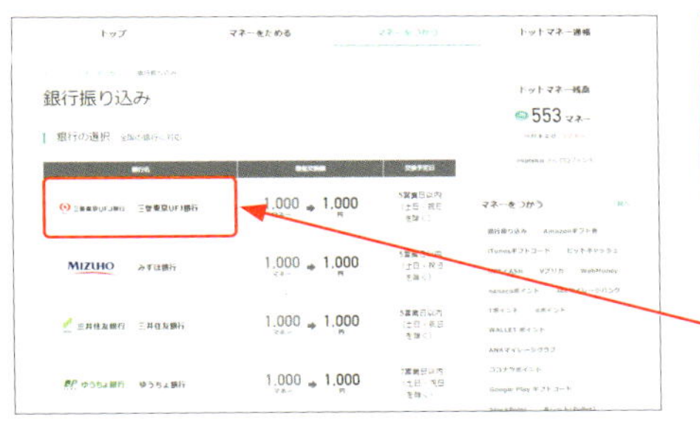

初めてドットマネーのポイントを交換する場合は、P.164手順 6 ～P.165手順 15 を参考に本人確認を行います。

4 任意の振り込み先の銀行（ここでは＜三菱UFJ銀行＞）をクリックします。

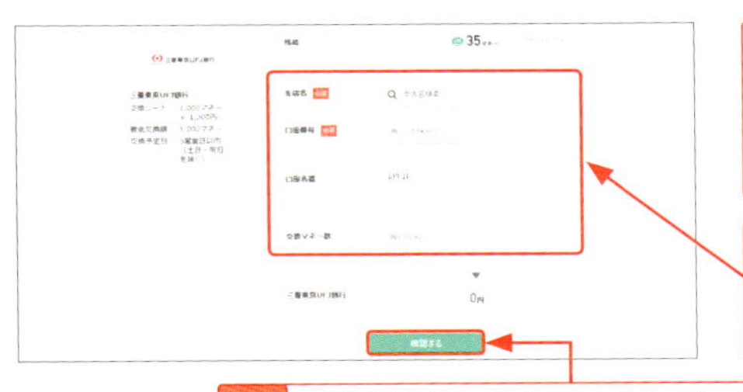

暗証番号を入力する画面が表示されたら、P.165手順 9 で設定した暗証番号を入力します。

5 支店名、口座番号、交換するマネー数を入力し、

6 ＜確認する＞をクリックして、次の画面で＜申請する＞をクリックすると、換金の申請手続きが完了します。

Memo ドットマネーの有効期限

ドットマネーで注意したいのが有効期限です。通常のポイント交換で貯めたマネーの有効期限は6ヶ月ですが、かんたんなゲームやクリックなどで貯めたマネーは翌月末日までと短くなっています。有効期限が過ぎないよう、交換や換金は計画的に行いましょう。

アフィリエイトを行ううえで知っておきたいNG事項

かんたんにアフィリエイト記事が作成できるのがアメブロのメリットですが、利用に当たって注意したい点もあります。うっかりミスを防ぐためにも、ルールを確認しておきましょう。

1 アフィリエイトに関する禁止事項

アメブロでは、ブログ作成機能にアフィリエイトが組み込まれていることからもわかるように、アフィリエイト自体は禁止していません。ただし、商品の売買やネットワークビジネスへの勧誘など商用利用を目的としたブログの運営は禁止されています（Sec.72 参照）。このような大枠の禁止事項に加えて、ブログに貼り付けたアフィリエイト広告の取り扱いにも、いくつか注意したい点があります。ルールに違反した場合、該当記事の削除、あるいはブログ自体が削除されることもあるので、事前に知っておくことが重要です。

自己クリックは禁止

自分の記事に貼り付けたアフィリエイトリンクを自分でクリックすることは禁止されています。また、クリックしたリンク先で商品を購入しても、売り上げには計上されません。

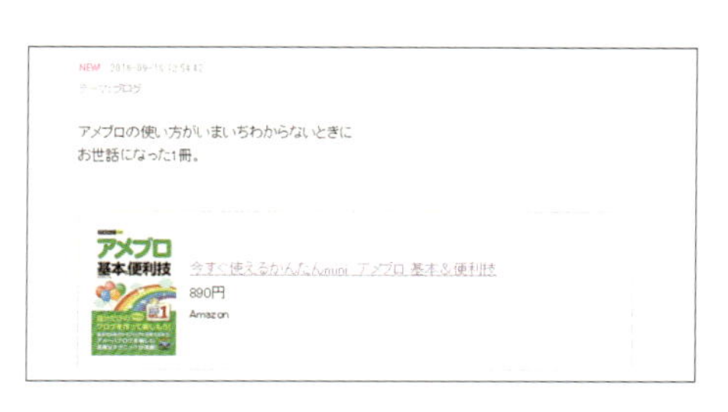

Memo アフィリエイトリンクを記事以外の場所に貼り付ける

アフィリエイトリンクを生成したアメブロアカウント内であれば、記事の中だけでなくプロフィールページやメッセージボード、サイドバーにリンクコードを貼ることは可能です。ただし、アフィリエイト成果を見る「ブログアフィリエイト履歴」画面でクリックの状況を確認できません。なお、サイドバーに貼り付ける場合は、「フリースペース」（Sec.34 参照）を利用します。

アフィリエイトリンクの転用

アメブロのブログ機能を使って記事内に追加したアフィリエイトリンクは、作成したアカウント内でのみ利用が認められています。別のIDのアメブロやほかのブログサービスで作成した記事への貼り付けは禁止されています。

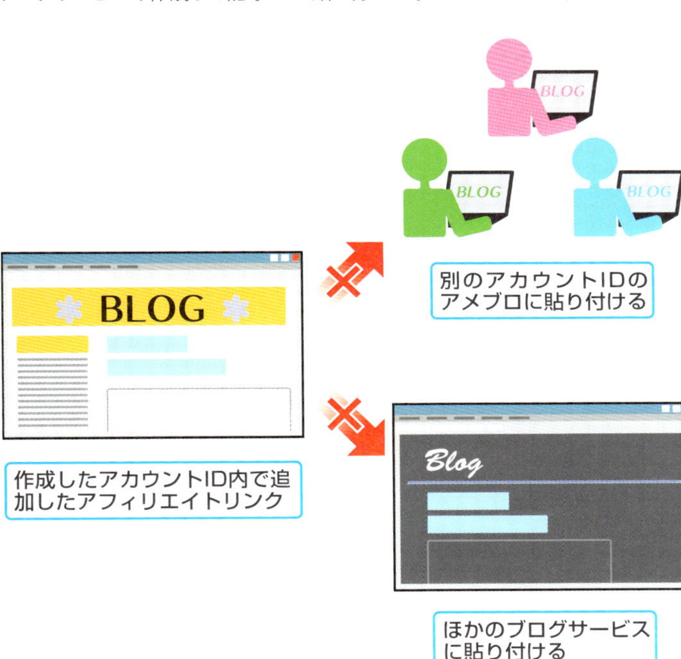

リンクコードの改変

アメブロのブログ機能を使って自動で生成したアフィリエイトリンクは、HTML表示にすることで内容を見ることができます。ただし、その内容を改変することは禁止されているので注意が必要です。

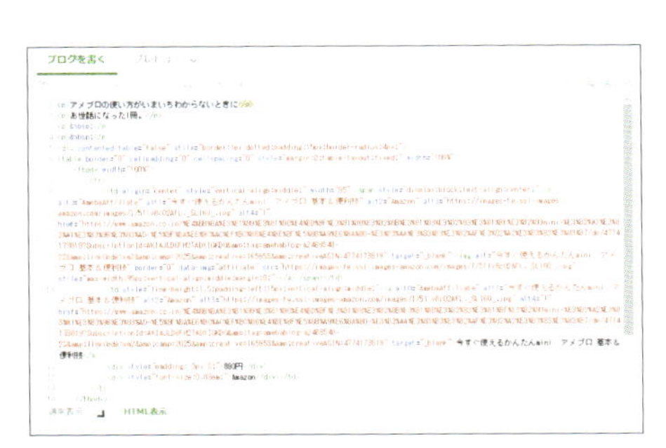

外部のアフィリエイトサービスは利用できるの?

アメブロが提供している「楽天」「Amazon」「ユニクロ」以外のアフィリエイトサービスをアメブロで利用することは可能です。ただし、アメブロで禁止しているタグを含むアフィリエイトリンクを使用するものについては利用できません。

禁止タグ一覧

・html・head・body・frame・frameset・iframe・object・param・server・javascript・form・input・embed・textarea・script・meta・button・option（フリースペース、自己紹介のみ禁止）・title（自己紹介でのみ利用可）

リンクにタグを貼り付ける

1 ブログで紹介したい商品をアフィリエイトサービスで検索し、アフィリエイトリンクを作成、コピーします。なお、Amazonでは 🐸 をクリックします。

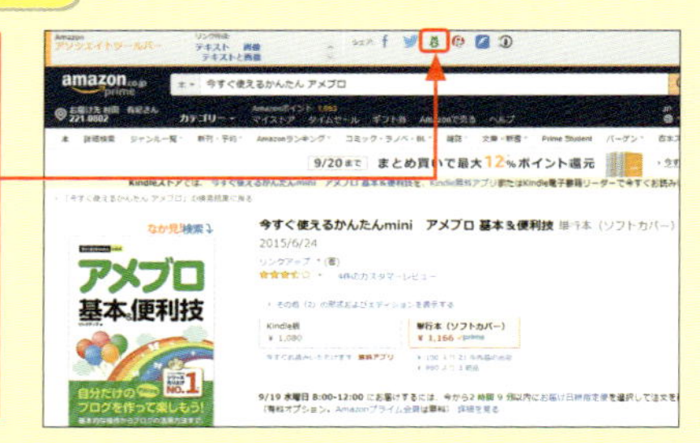

2 リンクが挿入されたブログ作成画面が表示されるので、タイトルや本文を入力し、公開します。

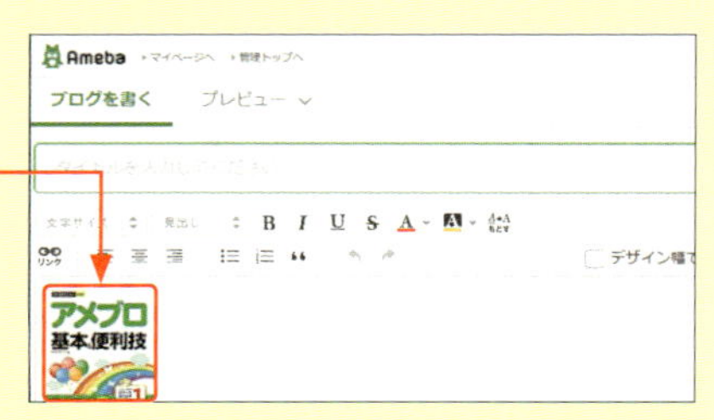

コードを手動で貼り付ける場合は、＜HTML表示＞をクリックして表示を切り替えてから、コピーしたコードをペーストします。

第8章

アメブロこんなときどうする? Q&A

65 アメブロをうまく操作できないときは？

アメブロをうまく操作できないときや使い方がわからず困ったときは、「ヘルプ」を利用しましょう。ヘルプでは、クイックガイドでわからないことを調べたり、キーワードを入力して検索したりできます。

1 ヘルプを利用する

1 マイページを表示して、

2 画面右上の＜設定＞をクリックし、

3 ＜Amebaヘルプ＞をクリックします。

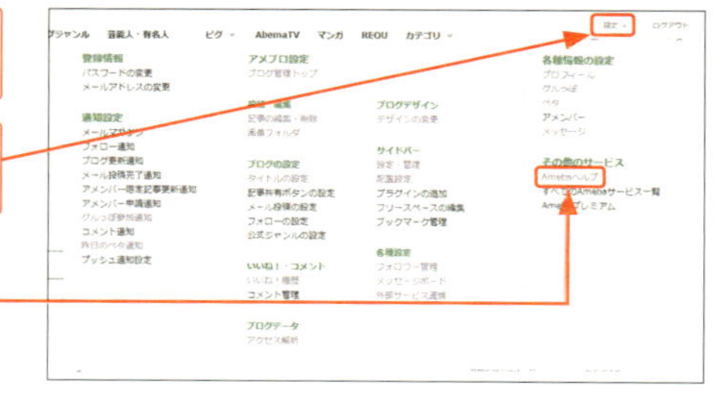

4 「Amebaヘルプ」画面が表示されます。

5 「はじめての方はこちら」をクリックすると、

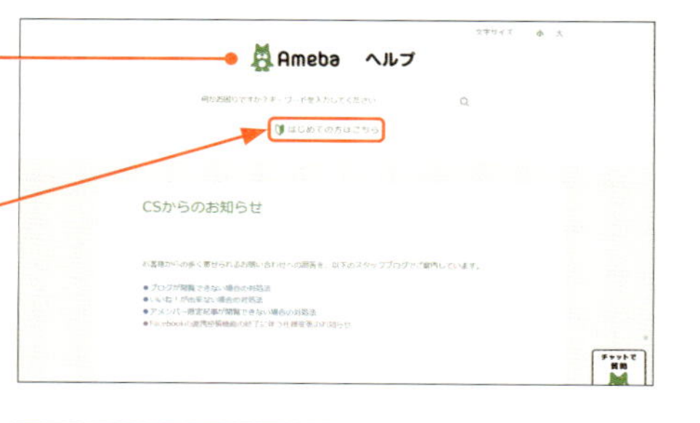

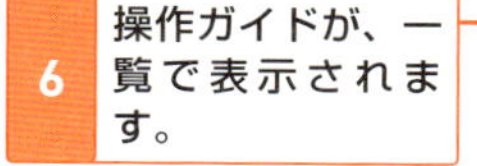

6 操作ガイドが、一覧で表示されます。

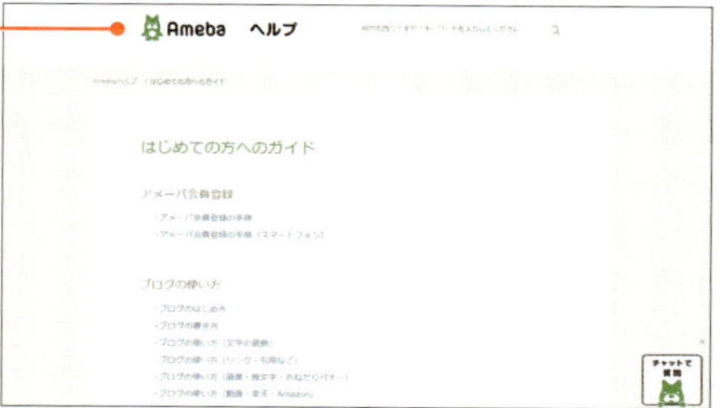

7 「操作ガイド」や「よくある質問」に調べたい項目がない場合は、検索ボックスにキーワードを入力し、

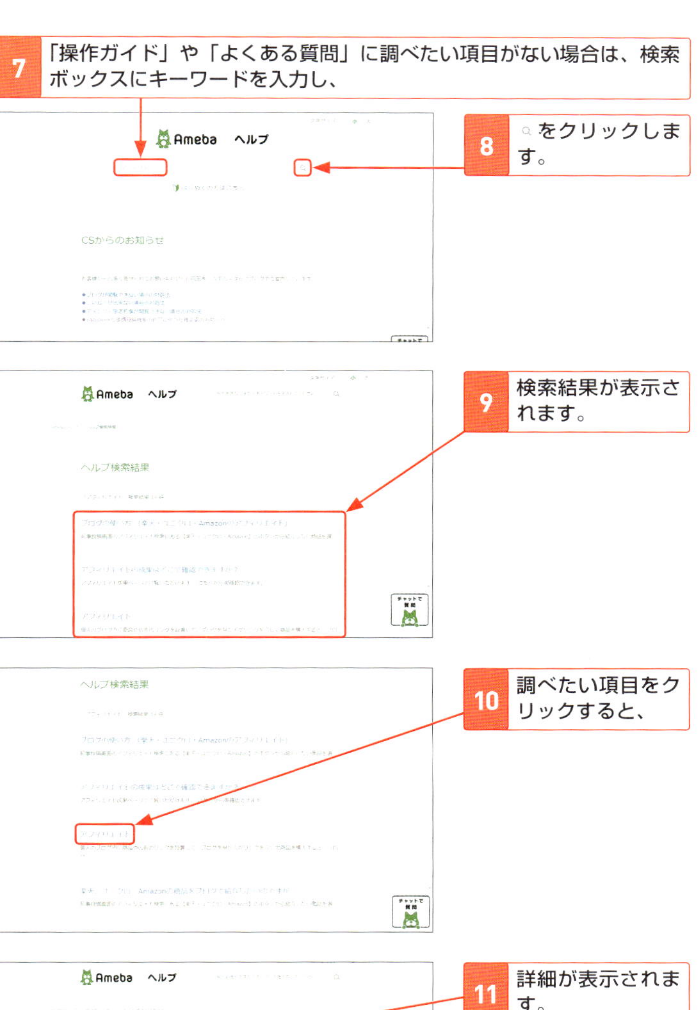

8 🔍をクリックします。

9 検索結果が表示されます。

10 調べたい項目をクリックすると、

11 詳細が表示されます。

Section 66

パスワードを忘れてしまった!

アメーバIDのパスワードを忘れてしまった場合は、ログイン画面からパスワードの再発行を依頼できます。なお、再発行には登録したメールアドレスが必要です。

1 パスワードを再発行する

1 Amebaのログイン画面を表示して、

2 <ID・パスワードをお忘れの方はこちらから>をクリックします。

3 「アメーバID確認・パスワード再発行」画面が表示されたら、

4 登録しているメールアドレスを入力して、

5 ＜送信する＞をクリックします。

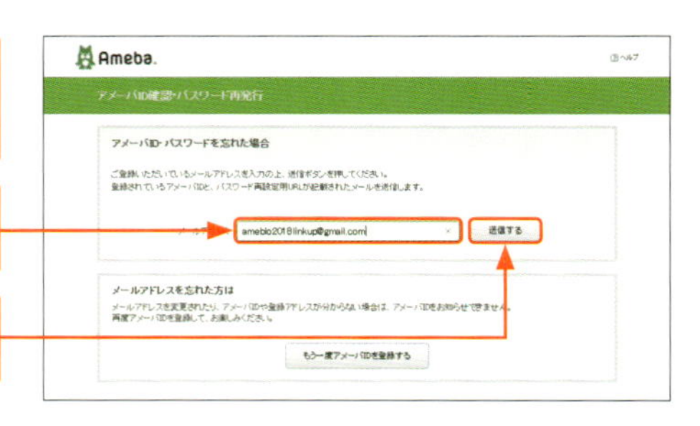

6 入力したメールアドレス宛てに、メールが送信されます。

Memo 再発行に必要なメールアドレス

手順4で入力するメールアドレスは、アメーバID登録時に入力したメールアドレスです。このメールアドレスに受信できない場合は、パスワードの再発行はできません。

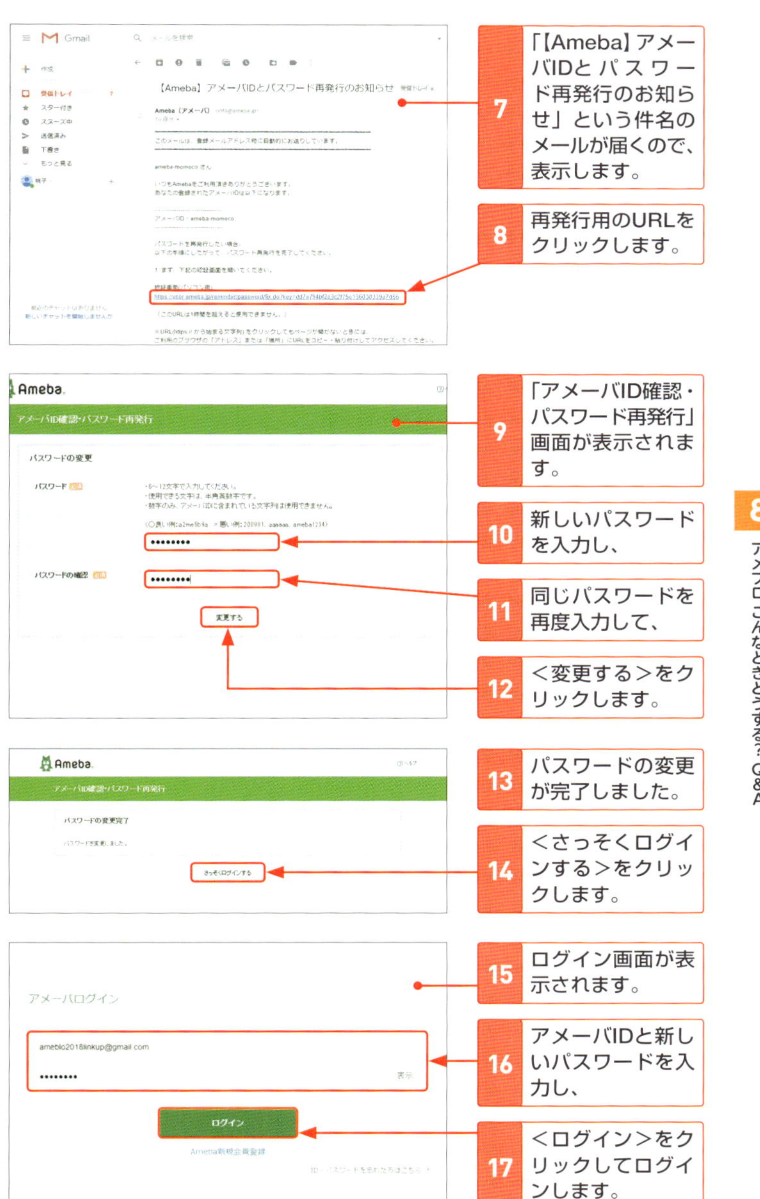
【Ameba】アメーバIDとパスワード再発行のお知らせ
Gmail
アメーバID確認・パスワード再発行
パスワードの変更
パスワード
パスワードの確認
変更する
アメーバID確認・パスワード再発行
パスワードの変更完了
さっそくログインする
アメーバログイン
ameblo2018linkup@gmail.com
ログイン
7 「【Ameba】アメーバIDとパスワード再発行のお知らせ」という件名のメールが届くので、表示します。
8 再発行用のURLをクリックします。
9 「アメーバID確認・パスワード再発行」画面が表示されます。
10 新しいパスワードを入力し、
11 同じパスワードを再度入力して、
12 ＜変更する＞をクリックします。
13 パスワードの変更が完了しました。
14 ＜さっそくログインする＞をクリックします。
15 ログイン画面が表示されます。
16 アメーバIDと新しいパスワードを入力し、
17 ＜ログイン＞をクリックしてログインします。

Section 67

メールアドレスを変更したい！

設定したメールアドレスは変更が可能です。 ただし、 メールアドレスはログインする際に必要だったり、 重要なメールが届く場合があったりするので、 変更する際は忘れないよう注意しましょう。

1 メールアドレスを変更する

1 「ブログ管理」画面を表示して、

2 ⚙→＜メールアドレスの変更＞をクリックします。

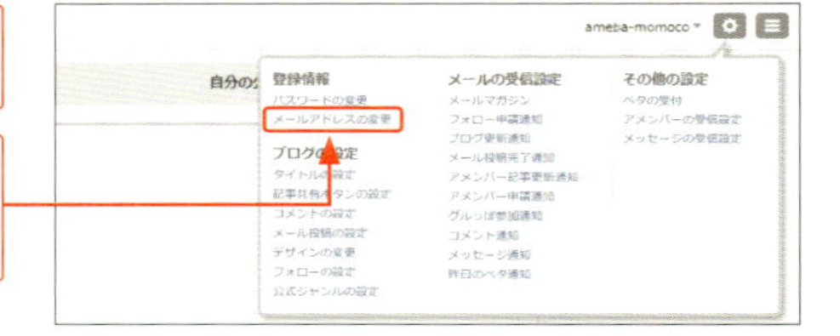

3 本人確認をして、「アメーバID登録情報の確認」画面が表示されたら、＜メールアドレスの変更＞をクリックします。

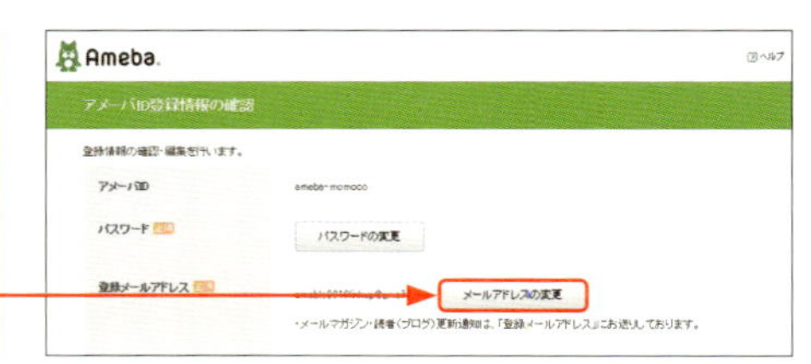

4 登録したいメールアドレスを2回入力し、

5 ＜変更＞をクリックします。

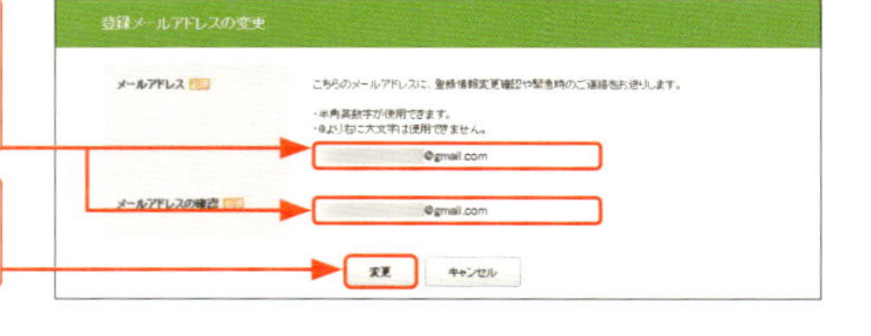

6 メールアドレスの変更受付が完了します。受信したメールから本登録を行うと、変更が完了します。

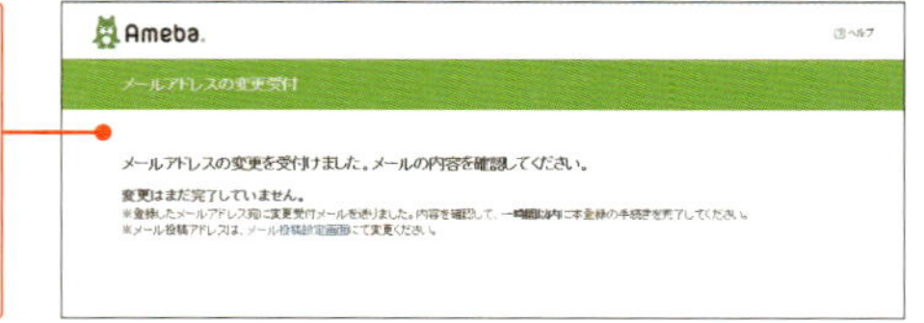

2段階認証ってなに?

2段階認証を設定すると、Amebaにログインする際に、メールアドレス宛に6桁の認証コードが送られるようになります。不正ログインなどのセキュリティ面が心配という場合は設定しておくとよいでしょう。

1 2段階認証を設定する

1 P.176手順1～3を参考に「アメーバID登録情報の確認」画面を表示して、

2 <2段階認証情報の確認>をクリックします。

3 <登録>をクリックし、使用するメールアドレスを選択して、

4 <コードの送信>をクリックします。

5 届いたメールに記載されている6桁の確認コードを入力し、

6 <認証>をクリックします。

7 同様の手順で、「機能停止メールアドレス」を設定すると、2段階認証が設定されます。

Section 69

不審なコメントやメッセージが来て困る！

不審なコメントやメッセージを受信しても、そのたびに削除するのは大変です。悪質な場合は、コメントを承認制にする（P.65参照）か、事前に受信拒否するなどの対策をとるようにしましょう。

1 メッセージを受信拒否する

1 マイページを表示して、

2 ＜メッセージ＞をクリックします。

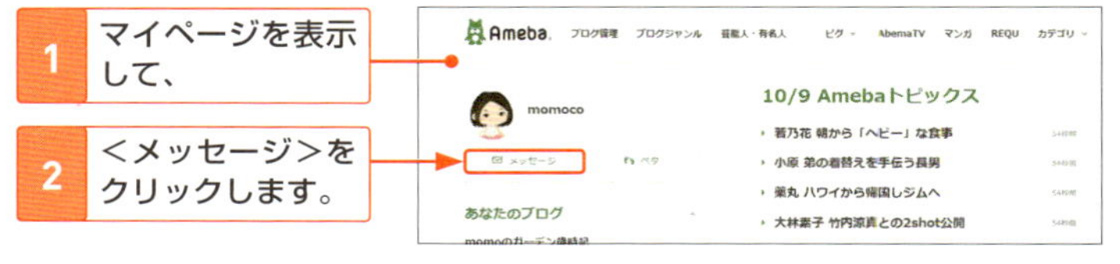

3 「受信箱」が表示されるので、

4 ＜メッセージの設定＞をクリックします。

5 ＜すべてのメッセージを受信拒否する＞をクリックし、

6 ＜保存＞をクリックします。

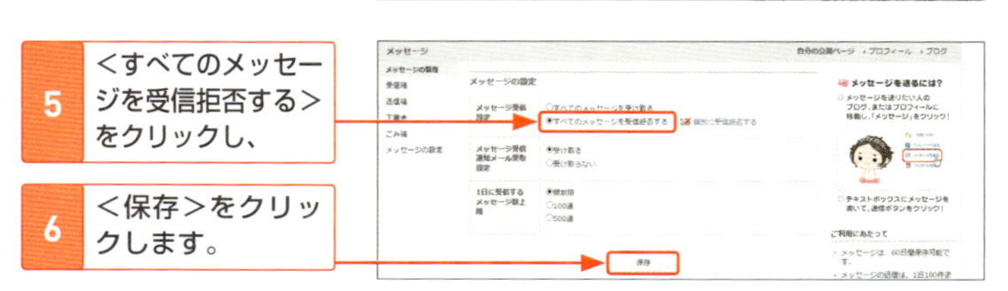

Hint 個別に受信拒否する

受信拒否したい相手が決まっているような場合は、手順 5 で＜個別に受信拒否する＞をクリックすれば、その相手のアメーバIDを入力して、個別に受信拒否することもできます。

迷惑なユーザーと交流したくない!

アメンバーの迷惑行為などで困っている場合は、アメンバーから削除しましょう。申請したアメンバー、申請されたアメンバー、いずれもアメンバーを解除することができます。

1 アメンバーを削除する

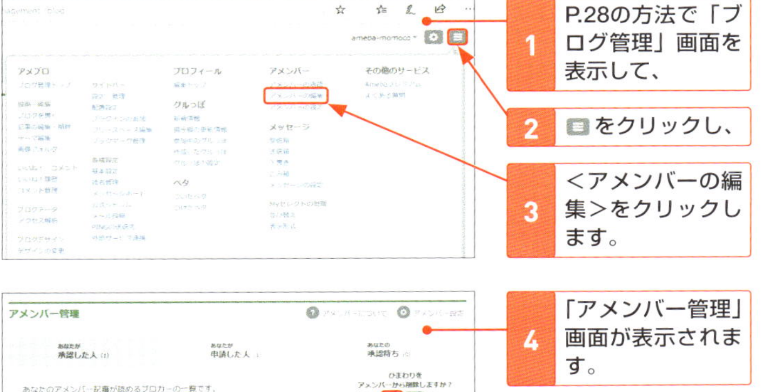

1 P.28の方法で「ブログ管理」画面を表示して、

2 ▤をクリックし、

3 <アメンバーの編集>をクリックします。

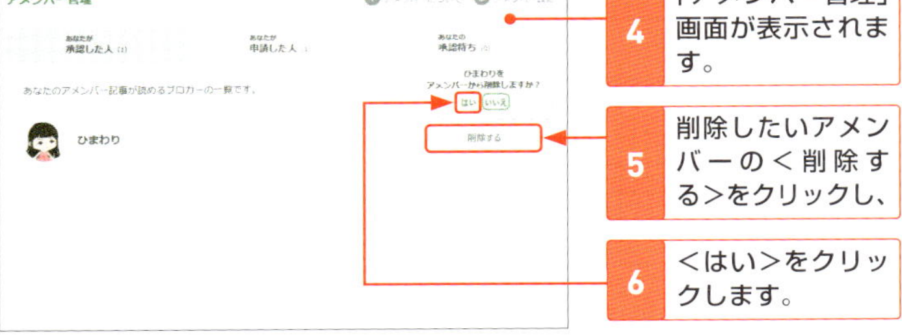

4 「アメンバー管理」画面が表示されます。

5 削除したいアメンバーの<削除する>をクリックし、

6 <はい>をクリックします。

Memo アメンバーをやめる

自分から申請したアメンバーをやめる場合は、手順5で<申請した人>をクリックし、アメンバーをやめたい人の<アメンバーをやめる>をクリックしましょう。

投稿画面のエディタが切り替えられない！

ブログを書くときに編集する画面のことをエディタといい、アメブロでは3つのエディタを切り替えることが可能です。ただし、ブラウザーの環境によって、使用できないエディタがあるので注意しましょう。

1 使用できるエディタを確認する

アメブロでは、「最新版エディタ（標準）」「タグ編集エディタ」「元標準エディタ」の3つからエディタを選択することが可能で、各エディタによって操作方法や配置などが異なります。なお、「元標準エディタ」は、ブラウザーによって利用できない場合があります。

1 P.28の方法で「ブログ管理」画面を表示して、▤→＜基本設定＞をクリックすると、

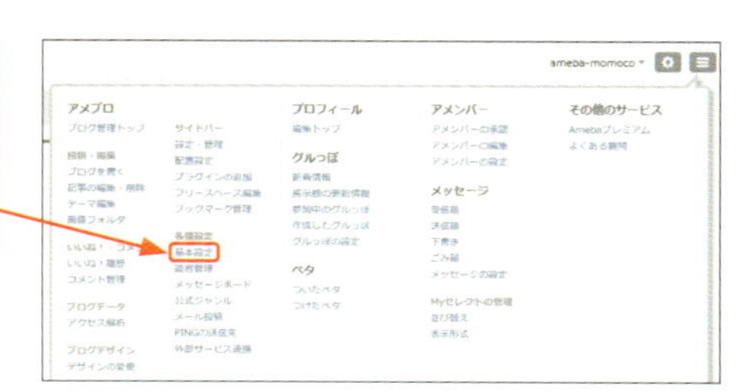

2 使用できるエディタが確認できます。

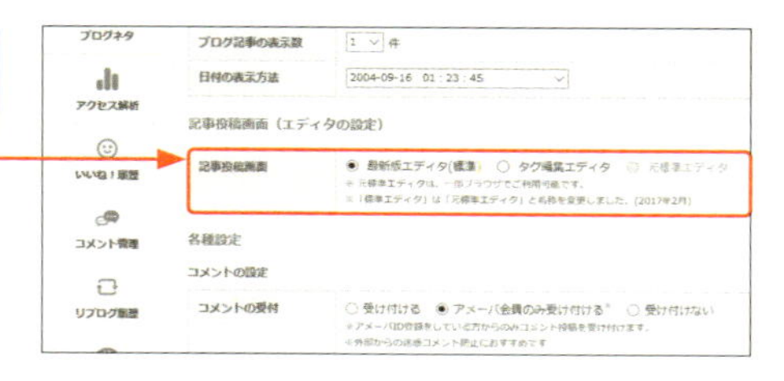

「元標準エディタ」の利用制限

利用できるブラウザー	利用できないブラウザー
FireFox	Chrome
Internet Explorer	Safari
	Edge

記事が削除されてしまった！

アメブロでは、承諾のない商業行為を禁止しており、セミナーへの勧誘や、物品の販売などを目的としたブログは作成できません。勝手な広告の削除や、配置・大きさを変える行為なども禁止です。

1 商用利用は禁止

アメブロでは、第13条（禁止事項）の（4）にて、承諾のない商業行為を禁止しています。たとえば、手作りの商品を販売するブログやアフィリエイト（第7章参照）のみが目的になっているブログなどは商用利用とみなされ、ペナルティの対象となることがあります。ペナルティを受けた場合、記事が削除されたり、最悪の場合、アカウントが削除（強制退会）されたりします。

アメブロの禁止事項

・無限連鎖講（ねずみ講）、リードメール、ネットワークビジネス関連への勧誘
・商業用の広告、宣伝を目的としたブログの作成
・物品やサービスの売買、交換

アフィリエイトリンクを貼る頻度に注意

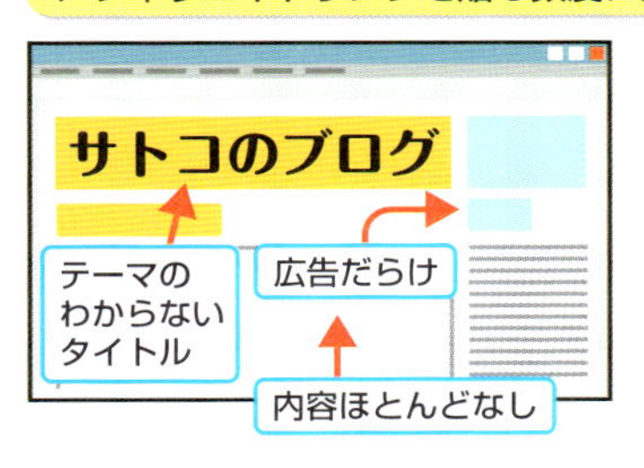

アメブロでは、アフィリエイトのみを目的としたブログの利用を禁止しています。そのため、記事にアフィリエイトリンクを貼る頻度が高くなると、商用利用とみなされ、削除の対象となる可能性があるので注意しましょう。

セミナーや講習会などの告知

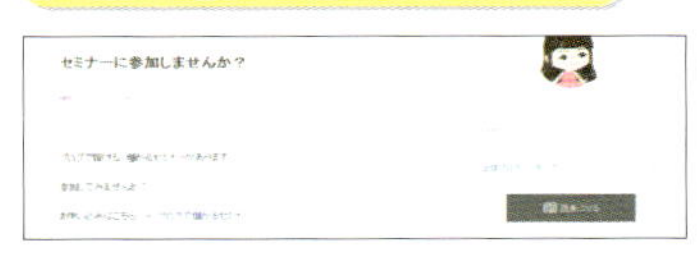

ブログ上で直接商品を販売していなくても、セミナーや講習会への告知・勧誘などは削除の対象になることもあります。

画像を投稿したいのにできない！

投稿しようとした画像がアップロードできない場合、指定されたファイル形式以外の画像を選択していたり、画像の容量が制限を超えたりしている可能性があります。

1 画像の容量とファイル形式を確認する

アメブロでは、ブログに投稿できる画像ファイルの種類と、容量の上限が指定されています。指定以外のファイル形式や、容量の限度を超える画像をアップロードしようとすると、エラーが表示されます。これらの画像をアップロードするには、画像を加工できるソフトでファイル形式や容量を編集し、再度アップロードする必要があります。

アップロードできるファイル形式	gif、jpg、png
アップロードできるファイル容量	1 ファイルにつき 3.0MB 以内

対応していないファイル形式

「gif」、「jpg」、「png」以外のファイル形式のデータをアップロードしようとすると、右のようなエラーが表示されます。

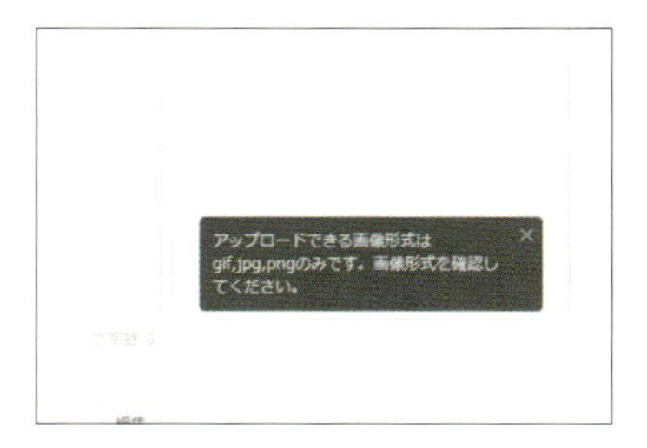

容量を超えた画像

3.0MB 以上の画像をアップロードしようとすると、右のようなエラーが表示されます。

② 画像容量アップコースを利用する

ファイルの加工が難しい場合や、どうしてもそのままの容量で画像をアップロードしたいという場合は、画像容量をアップできる有料コース（月額 194 円）を利用するとよいでしょう。「画像容量アップコース」には、次のような機能があります。

・1 ファイルにつき 10.0MB までアップロード可能になる
・画像フォルダーの総容量が無制限になる
・メッセージ保護機能が無償提供される

画像容量アップコースに申し込む

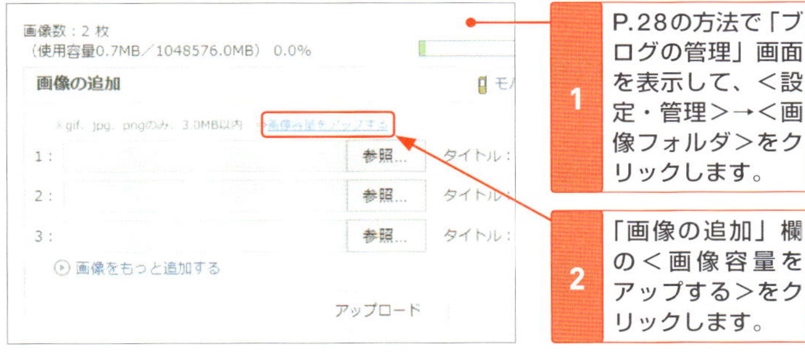

1 P.28の方法で「ブログの管理」画面を表示して、<設定・管理>→<画像フォルダ>をクリックします。

2 「画像の追加」欄の<画像容量をアップする>をクリックします。

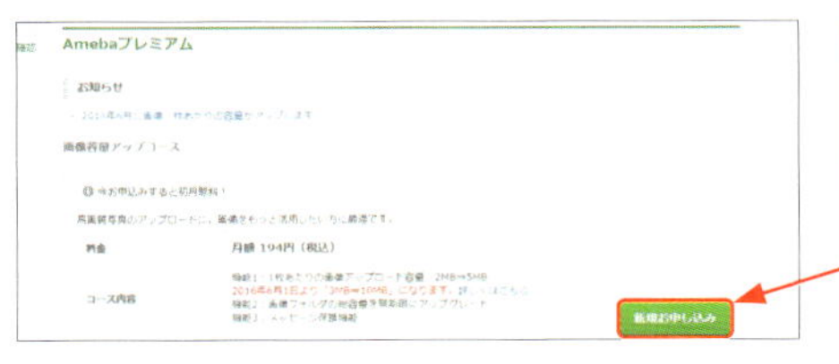

3 「画像容量アップコース」の内容を確認し、<新規お申し込み>をクリックします。

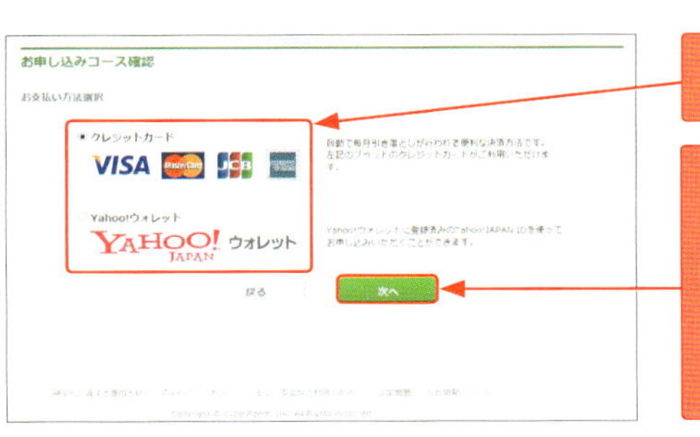

4 支払方法を選択し、

5 <次へ>をクリックします。次の画面で支払方法の詳細を入力したら、利用規約に同意して申し込みましょう。

Section 74

スマホのアプリがうまく動かない!

Amebaアプリでは、動作が重くなったり、画像が表示されなかったりなどの不具合が起こることが多くあります。問題を解消するには、さまざまな方法があるので、試してみると解消される場合があります。

1 アプリが最新版であるか確認する

1 ホーム画面を表示したら、

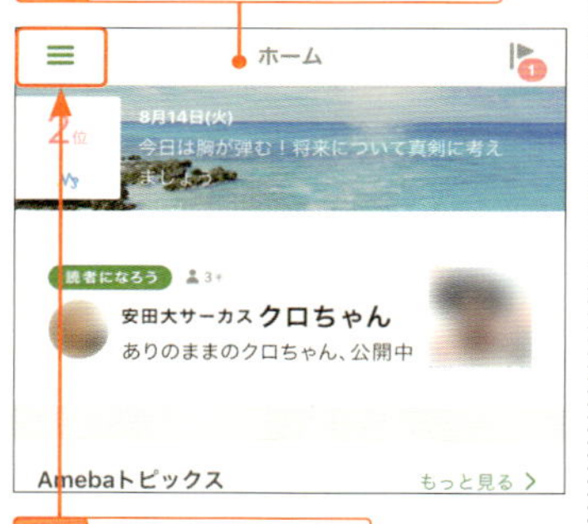

2 ≡をタップして、

3 <設定・ヘルプ>をタップします。

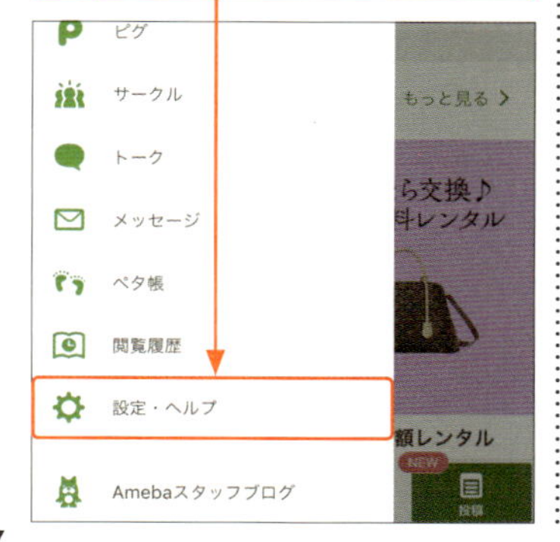

4 <アプリケーション情報>をタップすると、

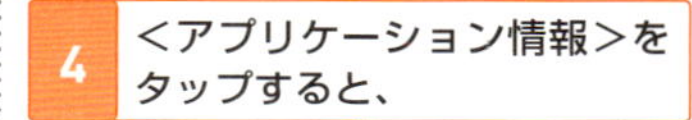

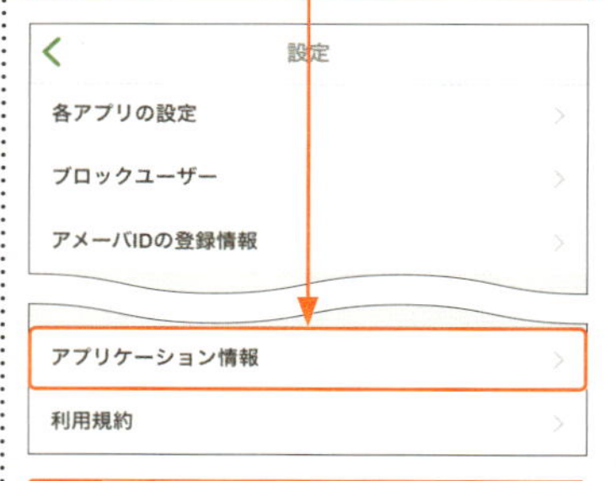

5 アプリのバージョンが表示されます。最新版ではない場合はアプリをアップデートしましょう。

② iPhoneでアプリを再起動する

1 ホームボタンを2回押します（iPhone X以降の場合は、画面下部から上方向にスワイプし、画面中央で指を離します）。

2 上方向にスワイプすると、アプリが終了します。

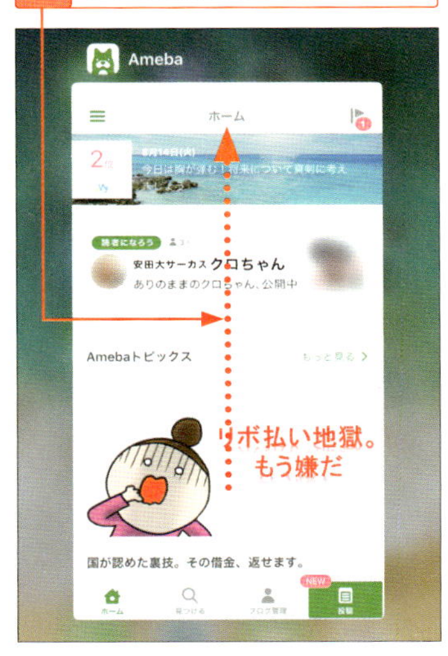

3 もう一度<Ameba >をタップし、アプリを起動します。

Androidスマートフォンでアプリを再起動する

AndroidスマートフォンでAmebaアプリを再起動したい場合は、アプリ起動中に履歴ボタンをタップし、アプリがリスト表示されたら、Amebaアプリを右もしくは左方向にフリックします。もう一度<Ameba >をタップし、アプリを起動します。なお、機種によってアプリの終了方法は異なります。

ブログに広告を表示しないようにするには？

アメブロでは、ブログ画面に常に広告が表示されています。この広告を表示しないようにするには、有料サービス「Amebaプレミアム」に入会する必要があります。

1「広告をはずすコース」とは

Ameba プレミアムには、「画像容量アップコース」（P.183 参照）と「広告をはずすコース」（月額 1,008 円）の 2 種類あります。「広告をはずすコース」には、下記の表のような機能があります。なお、「画像容量アップコース」から「広告をはずすコース」に切り替える際は、必ず「画像容量アップコース」を解約してから「広告をはずすコース」に申し込みましょう。

・ブログスキン内の広告を非表示にする
・1 ファイルにつき 10.0MB までアップロード可能になる
・画像フォルダの総容量が無制限になる
・メッセージ保護機能が無償提供される

2「広告をはずすコース」に申し込む

1 P.28の方法で「ブログ管理」画面を表示して、

2 ▤をクリックし、

3 <Amebaプレミアム>をクリックします。

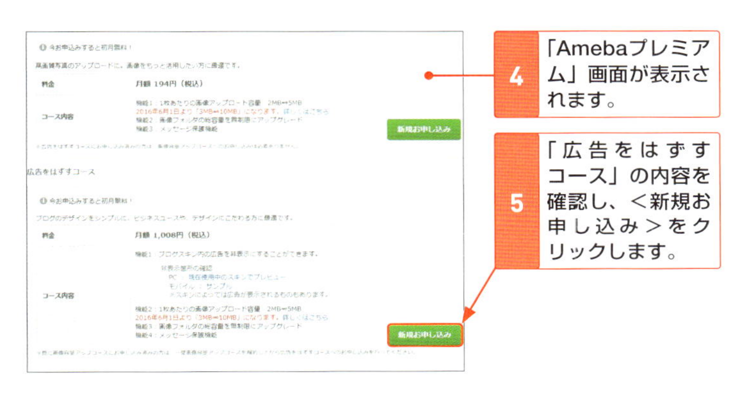

4 「Amebaプレミアム」画面が表示されます。

5 「広告をはずすコース」の内容を確認し、<新規お申し込み>をクリックします。

6 支払方法を選択し、

7 <次へ>をクリックします。

8 支払方法の詳細を入力して、

9 利用規約を確認し、<利用規約に同意する>をクリックしてチェックを付け、

10 <申し込む>をクリックします。

Amebaから退会したい！

何らかの理由でブログを続けることが難しくなった場合、Amebaから退会することができます。なお、Amebaから退会するとブログだけでなく、ピグなどのサービスも利用できなくなります。

1 Amebaから退会する

1 マイページを表示して＜設定＞をクリックし、

2 ＜Amebaヘルプ＞をクリックします。

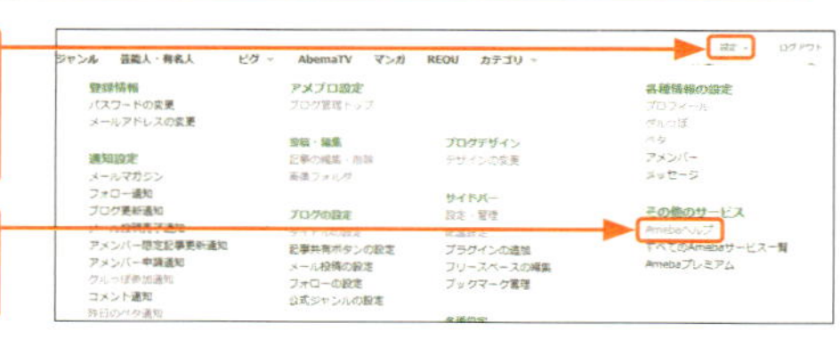

3 よくある質問の一覧から、＜退会について＞をクリックします。

よくある質問

・ヘルプ右下のabema(アベマ)くんアイコンについて
・ログインできません
・パスワードを忘れました
・退会について
・お知らせメールの設定場所がわかりません

4 ＜退会方法＞をクリックし、「PC・モバイル版のみをご利用の方向け退会フォーム」のURLをクリックします。

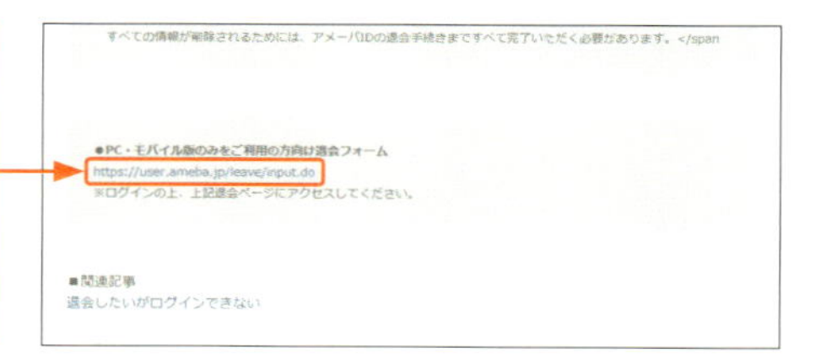

Memo 「よくある質問」に表示されない場合

「よくある質問」のランキングに退会方法についての質問が表示されていない場合は、画面右上の検索ボックスに「退会」などのキーワードを入力して検索しましょう。

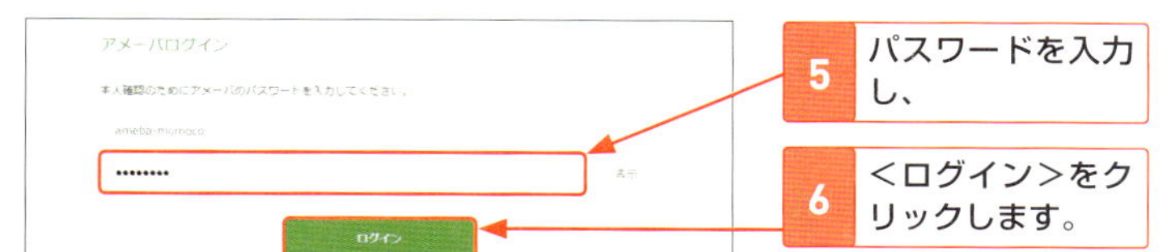

5 パスワードを入力し、

6 <ログイン>をクリックします。

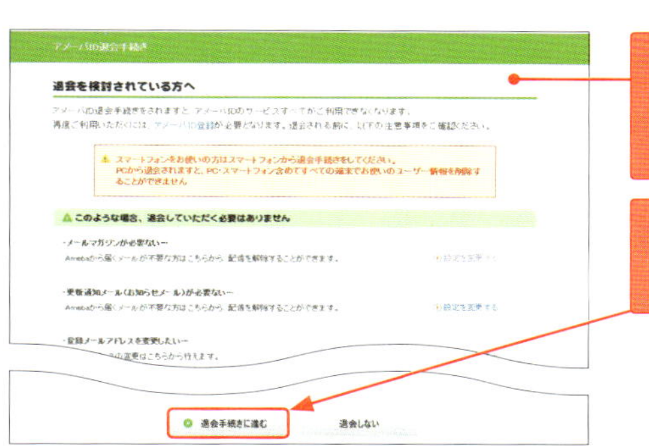

7 「退会を検討されている方へ」画面で、注意事項などを確認し、

8 <退会手続きに進む>をクリックします。

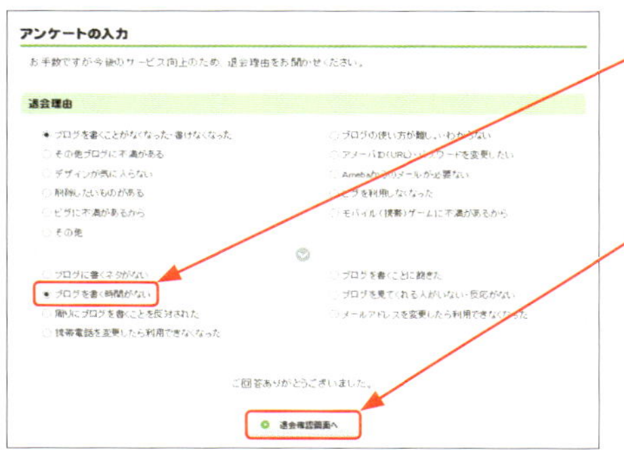

9 退会の理由をクリックして選択し、

10 <退会確認画面へ>をクリックします。

11 注意事項を確認し、

12 <退会する>をクリックします。

索引
INDEX

お問い合わせの例

FAX

1 お名前
技術　太郎
2 返信先の住所または FAX 番号
03-XXXX-XXXX
3 書名
今すぐ使えるかんたん mini
アメブロ　基本&便利技
[改訂2版]
4 本書の該当ページ
38 ページ
5 ご使用の OS のバージョン
Windows 10
iPhone 12.0.1
6 ご質問内容
手順3の画面が表示されない

今すぐ使えるかんたん mini アメブロ　基本&便利技 [改訂2版]

2018年12月4日　初版 第1刷発行

著者●リンクアップ
発行者●片岡　巌
発行所●株式会社 技術評論社
東京都新宿区市谷左内町 21-13
電話　03-3513-6150　販売促進部
03-3513-6160　書籍編集部
装丁●田邊　恵里香
カバーイラスト●イラスト工房（株式会社アット）
本文デザイン●リンクアップ
DTP／編集●リンクアップ
担当●伊藤　鮎
製本／印刷●図書印刷株式会社

定価はカバーに表示してあります。

ISBN 978-4-297-10124-4 C3055
Printed in Japan

お問い合わせについて

本書に関するご質問については、本書に記載されている内容に関するもののみとさせていただきます。本書の内容と関係のないご質問につきましては、一切お答えできませんので、あらかじめご了承ください。また、電話でのご質問は受け付けておりませんので、必ず FAX か書面にて下記までお送りください。
なお、ご質問の際には、必ず以下の項目を明記していただきますようお願いいたします。

1 お名前
2 返信先の住所または FAX 番号
3 書名
（今すぐ使えるかんたん mini
アメブロ　基本&便利技 [改訂2版]）
4 本書の該当ページ
5 ご使用の機種
6 ご質問内容

なお、お送りいただいたご質問には、できる限り迅速にお答えできるよう努力いたしておりますが、場合によってはお答えするまでに時間がかかることがあります。また、回答の期日をご指定なさっても、ご希望にお応えできるとは限りません。あらかじめご了承くださいますよう、お願いいたします。ご質問の際に記載いただきました個人情報は、回答後速やかに破棄させていただきます。

問い合わせ先

〒162-0846
東京都新宿区市谷左内町 21-13
株式会社技術評論社　書籍編集部
「今すぐ使えるかんたん mini
アメブロ　基本&便利技 [改訂2版]」
質問係

FAX 番号　03-3513-6167

URL：https://book.gihyo.jp/116